山西工程技术学院优秀学术著作出版支持计划项目资助

# 丘陵地貌下煤矿开采沉陷特征及动态预计研究

宁永香　著

中国矿业大学出版社

· 徐州 ·

## 内 容 提 要

本书以阳煤集团寿阳开元矿业煤层为试验采区,综合采用现场实测、数值模拟与物理模拟等方法,就开元煤矿丘陵地貌条件下的地表沉陷规律进行了深入研究,得出了丘陵地貌下煤矿开采地表沉陷特征,且就动态地表移动变形预计方法及影响因素进行了研究。

本书适用于从事地质类、测绘类、采矿类等相关专业的技术人员及高校地质专业、测绘专业、采矿专业、矿建专业的学生学习和参考。

**图书在版编目(C I P)数据**

丘陵地貌下煤矿开采沉陷特征及动态预计研究 / 宁永香著. 一徐州:中国矿业大学出版社,2020.7

ISBN 978 - 7 - 5646 - 4785 - 8

Ⅰ. ①丘… Ⅱ. ①宁… Ⅲ. ①煤矿开采—沉陷性—研究 Ⅳ. ①TD327

中国版本图书馆 CIP 数据核字(2020)第 138165 号

| | |
|---|---|
| 书　　名 | **丘陵地貌下煤矿开采沉陷特征及动态预计研究** |
| 著　　者 | 宁永香 |
| 责任编辑 | 何晓明 |
| 出版发行 | 中国矿业大学出版社有限责任公司 |
| | (江苏省徐州市解放南路　邮编 221008) |
| 营销热线 | (0516)83884103　83885105 |
| 出版服务 | (0516)83995789　83884920 |
| 网　　址 | http://www.cumtp.com　**E-mail**:cumtpvip@cumtp.com |
| 印　　刷 | 江苏淮阴新华印务有限公司 |
| 开　　本 | 787 mm×1092 mm　1/16　**印张** 8.5　**字数** 152 千字 |
| 版次印次 | 2020 年 7 月第 1 版　2020 年 7 月第 1 次印刷 |
| 定　　价 | 34.00 元 |

(图书出现印装质量问题,本社负责调换)

# 前　言

　　随着大量的煤炭资源从地下采出，所引起的地表沉陷及采动损害问题日益突出。矿山开采沉陷不仅破坏矿区生态环境，而且对地表及其村庄建筑物造成严重损害，影响工农关系和农村的稳定工作，同时给煤炭企业带来巨大的经济损失，也影响到矿区乃至社会工农业生产和可持续发展。为最大限度地解放丘陵地貌下压煤，提高资源回收率，控制地表沉陷，需要开展岩层与地表移动规律的研究。建立地表移动观测站进行地表移动规律和岩移参数的研究是进行丘陵地貌下采煤的必备基础。

　　本书以阳煤集团寿阳开元矿业煤层为试验采区，综合采用现场实测、数值模拟与物理模拟等方法，就开元煤矿丘陵地貌条件下的地表沉陷规律进行了深入研究，得出了丘陵地貌下煤矿开采地表移动变形参数与地表沉陷特征，为煤矿留设保护煤柱边界、确定采动影响范围、进行"三下"采煤地表沉陷预计等提供必要的基础资料。最后就动态地表移动变形预计方法及影响因素进行了研究，分析了回采速度与时间影响系数对地表动态移动变形规律的影响，获得了工作面推进速度小于 $3cr$ 时地表最大动态变形与最大静态变形比值的计算公式。初步研究表明，与地面保护措施相结合，快速开采有可能成为减小地表采动损害的地下开采方法之一。

　　在本书的撰写过程中，著者参考了许多资料，得到了众多同行和同事的支持,在此一并向有关文献的作者和单位表示衷心的感谢!

由于著者水平有限,书中难免存在不妥之处,敬请读者批评指正。

著　者

2020 年 3 月

# 目　　录

# 第1章 绪 论

## 1.1 研究地表沉陷特征的意义

### 1.1.1 问题的提出和研究的必要性

地下煤层开采后,由于上覆岩层应力平衡状态遭到破坏,从而产生了采空区上覆岩层及底板岩层移动和变形。当采空区面积扩大到一定范围后,岩层移动波及地表,使地表产生下沉、水平移动、倾斜、曲率变形和水平变形等[1-4]。地表移动变形的产生,破坏了建筑物与地基之间的力学初始平衡状态。伴随着力系平衡的重新建立,将在建筑物和构筑物中产生附加应力,从而导致建筑物和构筑物发生变形,甚至遭受破坏。

早在 19 世纪末,采矿引起的覆岩移动与破坏以及由此造成的井巷和地面建筑物的损害就引起了人们的注意,并进行了初步的观测和记录。但由于对矿山岩层和地表移动规律研究得不够,因而开采使铁路、房屋遭到破坏,井下透水造成人员伤亡的惨案时有发生。1875 年,德国的约汉·载梅尔矿,因地表塌陷使铁路的钢轨悬空,影响列车的运行;1895 年,德国柏留克城地面突然塌陷,毁坏了 31 所房屋[5-7];1916 年,日本海下采煤时,海水沿着因开采而扩大的构造裂缝溃入井下,使得矿井全部淹没,致使 237 人死亡[1]。

据原中国统配煤矿总公司的不完全统计,我国建筑物下、水体下、铁路下和承压水上("三下"和"一上")压煤量总计达 133.5 亿 t,其中,建筑物下压煤78 亿 t,约占总压煤量的 60%[8]。人口密集、村庄集中的河南、河北、山东、安徽、江苏五省压煤村庄达到 1 094 个,住户11 万户,占我国村庄下压煤总量的55% 以上[9-10]。仅开滦集团所属的 9 个生产矿井(不含东欢坨矿和嘉盛实业总公司),就有唐山市、丰南市(2002 年改为唐山市丰南区)、古冶镇、开平镇、钱营镇、林南仓镇等 6 个市镇,101 个村庄及企事业单位等地面建筑物下压煤,建筑物下压煤地质储量达 161 103.1 万 t,"三下"压煤地质储量更是高达

203 621.3 万 t。"三下"压煤将生产矿井各采区分割成不规则的块段,增加了矿井巷道布置的难度,导致了生产系统复杂化,使企业生产管理、效益和安全等受到极大制约。如果这个问题不解决,不仅浪费了国家资源,而且影响着具有这些问题矿区的生产布局、生态布局,浪费生产投入。如何合理、科学地开采这些煤炭,掌握不同地质采矿条件下煤炭开采之后地表及岩层内部移动规律是解决问题的关键。

自 20 世纪 90 年代以来,因煤炭开采形成的地表塌陷每年约 2.2 万 $hm^2$。截至 2005 年年底,累计形成的塌陷面积已超过 40 万 $hm^2$。21 世纪初期,我国的采矿业每年占用和破坏的土地约 3.4 万 $hm^2$。据不完全统计,仅 1995 年煤炭开采损害的补偿额就在 60 亿元人民币左右。

煤矿开采沉陷破坏了地表各类建筑物和构筑物,如城镇、村庄、工业与民用建筑、铁路、桥梁、管道、输电线路、通信设施等,同时还影响了煤矿城市规划和绿化,使农田高低不平,使地面水利设施和排水系统不能正常使用,破坏了周围的水体(源),并引起地面区域环境和生态结构变化,造成了我国东部平原矿区耕地大量减少,加剧了西部矿区水土流失和沙漠化,在南部和西南部矿区还会引起山体滑坡等现象。这一系列问题不仅给国家和企业带来了巨大损失和沉重负担,而且还会对区域生态环境产生较大的负面影响。因此,对煤炭开采沉陷造成的损害进行合理的评价,并提出有效的防治对策,是煤炭资源开采开发过程中的重要研究课题。

煤炭开采损害的评价及其防治问题不仅是关系煤炭企业能否持续发展的重大问题,而且也是直接影响我国国民经济(尤其是农业)可持续发展的重要问题。因此,进行煤炭开采沉陷损害评价和防治的深入研究,将具有重要的理论和现实意义。

地下资源开采与由其引起的地表采动损害是辩证的统一体,是矛盾的两个方面。为了进行现代化建设,需要开采有用矿物(包括煤炭),但是开采这些有用矿物产生的岩层和地表的移动与变形反过来影响和破坏岩体内及地面上的一些生产、生活设施,影响生产的发展,给人民的生活带来许多不便和灾害。多年来,为了解决好这个矛盾,各国有关学者均进行了一系列的理论、实验和应用方面的研究,且取得了显著成果,但这些研究大多是基于岩层与地表移动稳定后的静态基础之上,而对于丘陵地貌下开采地表移动规律及动态研究的成果相对较少。

## 1.1.2 研究地表沉陷特征的意义

工作面开采后,上覆岩层的移动和破坏是造成工作面矿压显现的根本原因,以地表的沉降为直观表现形式,在地面布置测点,即建立井上、下立体矿压监测系统,观测测点沉降与工作面回采之间的关系,为研究上覆岩层移动运移和演化规律、采场支承压力的分布等提供有力的数据支撑。因此,本书研究的根本目的在于通过建立地表移动变形观测站,对地表移动变形进行观测,掌握开采引起的地表移动变形规律,获得矿区地表移动角值参数和概率积分参数,对以后村庄留设保护煤柱及综放工作面矿压显现特征和规律研究有着重要的理论和实际意义。

此外,矿山工程实践与地表移动观测站的大量实测资料证实,地下开采引起的地表沉陷是一个复杂的时间和空间过程。随着工作面的推进,不同时间的采煤工作面与地表点的相对位置不同,开采对地表的影响也不同。地表点的移动经历一个由开始移动到剧烈移动,最后到停止移动的全过程。在生产实践中,经常会遇到下述情况,仅仅根据稳定后(或静态)的沉陷规律还不能很好地解决实际问题。例如,在超充分采动条件下,地表下沉盆地出现平地,在此盆地范围内地表下沉相同,地表变形等于零,但不能认为在此区域内的建筑物不变形,不会受到破坏。因为在工作面推进过程中,该区域内的每一点均要经受动态变形的影响,虽然这种动态变形是临时性的,但它同样可以使建筑物遭受破坏。地表各点的移动变形值在开采期间变化明显,移动终止时发生压缩变形的区域在移动期间可能遭受拉伸,反之亦然。因此,在进行开采设计和选择地面建筑物保护措施时,不仅要考虑移动过程稳定后的终止状态,还必须考虑地表移动变形随时间的发展,以便对建筑物采取适当措施,如加强观测、加固、临时迁出或改变用途等[11]。

大量研究资料表明,地表移动和变形具有明显的时间依赖性。在煤田开采条件下,地表移动过程可从 6 个月延续到 5 年之久;而在钾盐矿床开采条件下,移动持续时间可以达到 100 年甚至 100 年以上。地表移动和变形的时间、空间特性决定了研究地表动态移动过程的重要性。对于大量的不位于开采边界的建筑物,往往仅承受采动过程中的动态移动变形,动态移动过程及规律的研究对减小其采动损害尤其重要。

## 1.2　研究地表沉陷特征的目的

岩层与地表的移动及变形过程是时间和空间上的连续过程,即各点的移动和变形不仅取决于点的空间位置 $x$、$y$、$z$,还取决于时间 $t$,并与岩体性质、矿床埋藏条件、开采方式、采煤工艺、开采范围等密切相关[12]。研究地下开采所引起的地表移动与变形动态过程的目的在于进行理论分析,并预计在开采过程中及开采结束后的地表移动与变形的分布规律、最大变形值及其出现的位置和时间,研究开采速度与开采方式对动态过程的影响,以便选择有效的开采方法、合适的开采速度,合理地布置工作面、确定构筑物与开采相对适宜位置,必要时确定地表建筑物的加固与维修方案及施工时间。

## 1.3　国内外研究现状

### 1.3.1　开采沉陷研究现状

国内外对开采沉陷的研究由来已久,人们从不同的角度,按照不同的标准,通过对实际发生的开采沉陷进行影响范围及采动后上覆岩层、地表的变形移动规律的研究,经历了从被动的认识开采沉陷规律,到主动控制开采沉陷的过程。国际上,发达国家已开始以系统、综合的思想对矿区环境、灾害进行多学科的研究。国内,一些地质专家和岩层控制专家分别做了大量工作,在理论和实践方面均取得了突破或重大进展[13-15]。

地表移动整个动态过程一般可划分为三个阶段:初始阶段、活跃阶段和衰退阶段。

(1)初始阶段:以量测精度为依据,把采动地表下沉 10 mm 作为开始移动的起点,直至地表点下沉速度达每月 50 mm 为止,把此时间段作为初始阶段。在地下,当初次开采时,把地表下沉至 10 mm 时相对应的开采宽度称为启动距。即在一定的采煤工作面长度条件下,只有当采宽达到启动距时,地表才感受下沉,才感受采动影响。

(2)活跃阶段:采动地表点下沉速度大于每月 50 mm 的整个时间段为活跃阶段。在此阶段内地表变形最大,地表变形对建筑物的影响也最大。对地表感受采动影响或有开采损害的地下开采,一般均有地表移动与变形的活跃阶段。但开采深度较大时,地下开采有时不足以使地表进入充分采动状态,即地下开采宽度较小的情况下,地表下沉速度可能始终小于每月 50 mm,对此类地下开采,地表移动与变形无活跃期。

(3) 衰退阶段:采动地表下沉速度小于每月 50 mm 直至下沉速度每月 5 mm 为止,此阶段称衰退阶段。国内建筑物下开采实践及国内矿山地表建筑经验同时证实,当地表下沉速度小于每月 3 mm 时,地表进行建筑活动是可行的。

国外早期的研究表明[16],不管是长壁工作面还是房柱式工作面,沉陷均是明显有时间依赖性的。地表移动过程时间研究,早期主要从工程实际出发,引入"时间系数"概念。用此系数乘以该点的最终下沉值,就得该瞬间的下沉值。德国鲁尔煤田的时间系数为:第一年 0.75,第二年 0.15,第三年 0.05,第四年 0.03,第五年 0.02。实际上,对不同的矿区,上述系数是不同的。即使同一矿区的不同开采深度,系数也不相同[17],同时,还有其他许多因素都对该系数有影响。德国 1951 年发布的工业标准指出:时间系数 $c$ 是表示开采工作面上方地表下沉随时间发展的过程,可用下沉系数的百分数(%)或比例表示为:

$$c = \frac{W_{动}}{W_{终}} = \frac{移动过程中的(动态的)下沉值}{最终下沉值}$$

波兰学者 Knothe(克诺特)利用土压实的基本假设进行了地表移动与变形时间过程研究[18],得到了如下表达式(一般称之为 Knothe 时间函数):

$$\frac{dW_t}{dt} = c(W_0 - W_t)$$

式中,$W_0$ 为当 $t \to \infty$ 时地表某点最终可达到的下沉量;$W_t$ 为地表某点在 $t$ 瞬间的下沉量;$c$ 为下沉时间系数,它取决于岩石性质及开采深度。

Browner(布劳那)引用苏联的资料证明,地表下沉的持续时间,除了与工作面前进速度和临界区的尺寸有关之外,还取决于岩层条件、开采深度、充填类型及预先采动情况等,这一时间从几天到数年不等。对于厚层理的或坚硬的覆盖层和深度大以及完全冒落等条件来说,下沉持续时间是较长的。对于开采范围小及在短时间内重复采动的覆盖层开采区域,下沉率与最终下沉量 $W_0$ 和瞬时下沉量 $W_t$ 之间的差成比例[19],其表达式与 Knothe 时间函数相同。1982—1983 年,Sroka(斯罗卡)和 Schober(肖伯)在 Knothe 时间函数的基础上构建了双参数时间函数,从数学上证明了该函数更接近实际的地表动态移动过程。1999—2000 年,Kowalski(科瓦尔斯基)提出了广义时间函数,用于地表下沉速度分析和预测。

当应用时间函数预计地表动态下沉时,时间系数 $c$ 如何确定是关键。德国 Kratz(克拉茨)认为时间系数 $c$ 对解决下述问题有重要的实践意义：

① 为了及时采取有效措施，防止可能发生的各种事故，需要确定开采影响在什么时候出现危险。

② 为了对被损害的建筑物开始进行彻底维修，需要确定什么时候地表移动过程完全停息。

③ 为了对被采动建筑物进行观测，需要确定被采动建筑物何时处于最大应力状态。

④ 为了拟订按时填高铁路和桥梁或整治河道的工作计划，需确定不同时间的下沉量。

⑤ 找出采动有害影响最小的开采布置，使得在多个开采区上方产生的拉伸和压缩变形相互叠加(抵消)。

⑥ 确定不同时间井壁的拉伸和压缩变形或倾斜，判断开采影响对提升设备的可能损害。

英国为了预计移动过程中的下沉值，采用了各种图表，这些图表是根据英国许多煤矿的实地观测资料绘制的。研究表明，当采煤工作面以某一固定速度(m/昼夜)向前推进时，开采深度越大，再次下沉或剩余下沉的过程就越长。荷兰的许多煤矿采用陷落法和充填法开采，并在采区上方对地表点的下沉时间过程进行了观测，结果表明，采煤工作面上方产生的移动过程中的倾斜、曲率、变形都减小，这样相应地降低了用于保护和维修各种地面建筑物的经费开支。波兰也借助方程式用剖面函数曲线法表述地表点的时间下沉曲线。

20 世纪 50 年代，波兰学者 Litwiniszyn(李特威尼申)等应用颗粒体力学研究岩层与地表移动问题，认为开采引起的岩层和地表移动规律以及作为随机介质的颗粒体介质模型所描述的规律在宏观上相似；认为岩层或地表下沉盆地的函数形式与正态分布概率密度函数相同，从而建立了岩层与地表下沉预计的随机介质理论法。

1988 年，Peng(彭)和 Luo(罗)为预计长壁工作面开采所引起的动态地表移动与变形提出了一种数学模型——概率积分函数模型；1989 年，Luo 完善了此种模型。在这一模型中，假定沿着长壁工作面下沉速度相对于推进工作面来说是成正态分布的。此模型能够预测下沉盆地中任意点的动态下沉、动态倾斜和曲率。在此模型的基础上，Peng 和 Luo 于 1989 年开发了取名为 DYNSUB 的计算机程序；1992 年，Peng 进而又推出了概率分布法[20]。

在中国，刘宝琛、廖国华、周国铨等将波兰学者 Litwiniszyn 的研究结果发展为概率积分法，该方法目前是我国较成熟且应用最广的地表下沉预计方法之一。通过开展地表沉陷的实测和统计工作,掌握了缓斜、倾斜、急倾斜煤层开采后沉陷的分布形态特征,又提出了多种地表沉陷预计方法,如典型曲线法、影响函数法、概率积分法等。这些预计方法中以概率积分法应用最为普遍,但其预计结果在有些条件下常与实测结果相差甚远。针对概率积分法预计结果与实际的差异,许多学者都试图从岩层内部的移动机理来修正地表下沉的预计方法[21-23]。何国清提出了地表下沉预计的威布尔分布法,郝庆旺在地表下沉预计中提出了采动岩体空隙扩散模型,邓咯中在地表沉陷预计中考虑了岩层移动层间错动的影响,隋旺华研究了厚表土层土体变形对地表沉陷的影响,所有这些研究都丰富和完善了地表沉陷预计方法。

王金庄、邢安仕、邓咯中以峰峰矿区为代表,建立了双曲函数模型并进行了动态地表移动和变形的预计,研究了采动过程中地表移动和变形规律。1996 年,吴立新等提出了地表动态移动变形预计的三维模型[24]。崔希民等[25]研究了基于时间函数的地表移动动态过程的计算方法,探讨了时间影响系数的确定方法。腾永海[26]利用负指数推导出采动过程中地表点的移动变形计算公式。丛爱岩等[27]提出了 $ARMA(n,m)$ 模型,研究了时序法在岩层与地表移动过程预计中的应用。崔希民等[28]讨论了地表移动过程的时间函数,给出了符合实际的时间函数分布形态。麻凤海等[29]提出了连续介质流变理论在岩层下沉动态过程中的应用,将连续介质力学理论与流变力学原理统一起来,研究了地表下沉的动态变化过程,并引用薄板弯曲的工程理论,建立了一个岩体实际层状分布的计算模型;此外,在考虑岩体流变特性的同时,进一步探讨了近水平煤层开采引起的动态分布规律。张向东等[30]针对厚冲积层下地表沉陷与变形预计问题,将冲积层视为随机介质,基岩看成是黏弹性基础上的黏弹性梁,建立了地表沉陷与变形预计的方法及计算公式,其中讨论了时间参数。吴侃等[31]探讨了时序分析在开采沉陷动态参数预计中的应用。上述研究成果对促进矿山开采沉陷学科的发展、解决"三下"压煤、减小采动损害起到了积极的推动作用。

随着计算机技术的发展,基于平衡方程、位移应变关系、应力应变关系以及应力强度关系等,出现了多种数值计算方法[32],包括基于连续介质力学的有限元(FEM)、边界元(BEM)、有限差分(FDM)等以及基于非连续介质的离散元(DEM)等,这些方法在地表动态移动变形的预计中均得到了应用。赵阳生[33]应用有限元研究了煤层开采后地表动态移动过程。麻凤海等[34]利用离散元分析了岩层动态移动过程,探讨了应用离散元解决深部开采岩层大位移问题。Alejano 等[35]应用有限差分法研究分析了水平煤层和倾斜煤层开采沉陷移动规律与移动参数,认为 FLAC 与其他数值方法相比具有如下优点:允许材料屈服和流动、允许网格变形、允许用户生成新的函数和修正材料模型及参数。尽管数值计算方法适应能力强,在给出动态移动过程和变形的同时,也能给出应力分布和破坏情况,但由于材料参数确定的不准确性、研究对象的模糊性以及理论假设的不合理性,计算结果往往带有较大误差。尽管如此,只要充分注意现场信息反馈,及时调整计算模型,就能使计算结果逐步接近实际。

地下开采引起的地表移动的预计工作,需要借助积分格网、各种数表和计算机等来进行,计算工作需要花费大量的劳动和时间。一般情况下,只要地表的最大移动变形值不超过建筑物的临界变形值,则建筑物将免遭损害。此时,只要估算出在最不利的情况下可能作用于采动建筑物的最大移动变形值就足够了。

目前,国内外广泛采用的预计地表点最大移动速度的经验公式[36]包括:

① 波兰

$$\frac{\mathrm{d}W_t}{\mathrm{d}t}(\max) = 0.6 \frac{mq}{R}v \tag{1-1}$$

$$\frac{\mathrm{d}U_t}{\mathrm{d}t}(\max) = 0.25 \frac{mq}{R}v \tag{1-2}$$

式中　$m$——开采厚度,m;

　　　$q$——顶板下沉系数;

　　　$R$——充分采动面积的半径,m;

　　　$v$——采煤工作面的推进速度,m/d。

以上两式表明地表点最大移动速度与采煤工作面推进速度 $v$ 和充分采动面积的半径有关。

② 苏联顿巴斯矿区

$$\frac{\mathrm{d}W_t}{\mathrm{d}t}(\max) = 30 \frac{vm}{H} \tag{1-3}$$

式中　$v$——采煤工作面的推进速度,m/d;

　　　$m$——开采厚度,m;

　　　$H$——平均开采深度,m。

③ 中国

$$v_{\max} = K \frac{W_{\max}v}{H} \tag{1-4}$$

式中 $K$——下沉速度系数;

$W_{max}$——本工作面地表最大下沉值,mm;

$v$——采煤工作面推进速度,m/d;

$H$——平均开采深度,m。

④ 中国峰峰矿区

通过对实测资料的综合分析,认为地表最大下沉速度与单位时间内采出的矿体体积成正比,与埋藏深度成反比,公式为:

$$v_{max} = b \cdot \frac{mD_1 v \cos \alpha}{H} \tag{1-5}$$

式中 $b$——系数;

$m$——开采厚度,m;

$v$——采煤工作面推进速度,m/d;

$\alpha$——煤层倾角,(°);

$H$——平均开采深度,m;

$D_1$——采区斜长,m。

国内外预计最大变形值的经验公式包括:

① 波兰

最大倾斜:

$$i_{max} = (0.7 \sim 1.0) \frac{mq}{R} \tag{1-6}$$

最小曲率半径:

$$\rho_{max} = (650 \sim 720) \frac{R^2}{mq} \tag{1-7}$$

最大压缩变形:

$$-\varepsilon_{max} = -\frac{mq}{H} \text{ 或} -0.6 i_{max} \tag{1-8}$$

最大拉伸变形:

$$\varepsilon_{max} = 0.45 \frac{mq}{H} \tag{1-9}$$

式中 各符号意义同前。

② 荷兰

$$-\varepsilon_{max} = -1.6 W_{max} l^{-1} \tag{1-10}$$

$$\varepsilon_{max} = 0.8 W_{max} l^{-1} \tag{1-11}$$

式中 $l$——开采充分采动面积时压缩或拉伸变形区的径向长度,m;

其余符号意义同前。

③ 捷克俄斯特拉发煤田

在开采深度为 $500\sim800$ m 时求得的最大值公式为:

倾斜:

$$i_{\max} = 4.4 W_{\max} \tag{1-12}$$

拉伸变形:

$$\varepsilon_{\max} = 0.45 i_{\max} \tag{1-13}$$

压缩变形:

$$-\varepsilon_{\max} = -0.63 i_{\max} \tag{1-14}$$

在这些公式中,最大下沉值 $W_{\max}$ 以米(m)为单位表示。

④ 英国

英国煤矿得到的最大值公式为:

倾斜:

$$i_{\max} = 3.4 \frac{W_{\max}}{H} \tag{1-15}$$

拉伸变形:

$$\varepsilon_{\max} = 0.8 \frac{W_{\max}}{H} \tag{1-16}$$

压缩变形:

$$-\varepsilon_{\max} = -2.2 \frac{W_{\max}}{H} \tag{1-17}$$

上述计算最大动态移动变形值的经验公式大多是根据大量实地观测结果,经过统计分析而得出的,计算简单,使用方便。其适用条件一般是充分采动,因而在实际应用中都存在一定的局限性。

⑤ 中国

在我国可用下列公式来求动态最大倾斜和最大曲率值:

$$i_{(\xi_1)\max} = \frac{W_{\max}}{r} e^{-\pi\left(\frac{\xi_1}{r}\right)^2} \tag{1-18}$$

$$k_{(\xi_2)\max} = W_{\max} \frac{2\pi}{r^2}\left(-\frac{\xi_2}{r}\right) e^{-\pi\left(\frac{\xi_2}{r}\right)^2} \times 10^{-3} \tag{1-19}$$

$$k_{(\xi_3)\max} = W_{\max} \frac{2\pi}{r^2}\left(-\frac{\xi_3}{r}\right) e^{-\pi\left(\frac{\xi_3}{r}\right)^2} \times 10^{-3} \tag{1-20}$$

式中 $\xi_1$——动坐标系的最大倾斜值横坐标,m;

$\xi_2$、$\xi_3$——动坐标系的最大正、负曲率值横坐标，m；

$r$——主要影响半径，m；

其余符号意义同前。

最大动、静态倾斜比值和最大动、静态曲率比值分别为：

$$\frac{i_{(\xi_1)\max}}{i_{\max}} = \mathrm{e}^{-\pi(\frac{\xi_1}{r})^2} \tag{1-21}$$

$$\frac{k_{(\xi_2)\max}}{k_{\max}} = \sqrt{2\pi}\, \mathrm{e}^{\frac{1}{2}}(-\frac{\xi_2}{r})\mathrm{e}^{-\pi(\frac{\xi_2}{r})^2} \tag{1-22}$$

$$\frac{k_{(\xi_3)\max}}{k_{\max}} = \sqrt{2\pi}\, \mathrm{e}^{\frac{1}{2}}(-\frac{\xi_3}{r})\mathrm{e}^{-\pi(\frac{\xi_3}{r})^2} \tag{1-23}$$

该计算方法比较复杂，通常需要借助计算机来实现。

纵观开采沉陷理论的形成与发展，开采沉陷理论的研究概括起来可以分为三个阶段：① 从 1838 年比利时对列日城下开采所引起的地表塌陷的认识到 20 世纪 30 年代末，属于开采沉陷的初步认识和研究阶段。在这几十年中，人们开始认识到研究地下开采对地表影响的重要性，提出了有关岩层移动规律的一些初步的假说，并利用生产积累的经验初步在民用和工业建筑物下有意无意地进行了许多压煤开采的试验。② 20 世纪 40 年代至 60 年代末，属于开采沉陷理论的形成时期。在这一时期建立了许多系统的理论，从各个不同的观点出发，研究了开采影响下岩石移动的规律，尤其是地表移动的空间和时间规律，形成了以克诺特-布德雷克为代表的几何理论、以阿维尔申及沙武斯托维奇为代表的连续介质理论和以李特威尼申为代表的非连续介质理论等。③ 20 世纪 70 年代后至今，为开采沉陷现代理论研究阶段。在这一阶段不仅使开采沉陷逐渐发展成为一门综合性、边缘性学科，而且在概念、方法和手段上都有了很大的发展。

几何理论从几何角度出发，研究开采影响分布规律，是一种合乎逻辑的方法，但是它不涉及地表移动的力学特性，不能揭示岩层和地表移动的机理，因而不能从本质上解释采动岩层和地表移动现象[37]，导致理论结果与实际资料之间存在着一定的误差。

连续介质理论假设岩体为连续介质，应用连续介质力学理论研究岩体力学性质及力学行为。它主要包括弹性理论、塑性理论、黏弹性理论、断裂理论等模型。这种理论能对岩层及地表移动的力学本质做出解释，但是它没有考虑到岩体被层面、裂隙、节理等弱面分割成不连续的岩块，岩体参数与试验得到的岩石参数相差很大，岩体的真实参数很难求取。

非连续介质理论将覆岩的移动看成是随机移动的小单元,通过研究单元之间的移动表达式从而得出地表移动表达式。它主要包括随机介质理论、碎块体理论、空隙扩散理论等模型。这种理论将覆岩移动看成是抽象的单元移动,且单元的性质与岩性无关,实质上将岩层的移动与岩层自身脱离开来,没考虑岩体的层位和层状性质的影响,参数与岩性结构关系不明确,得出的结果存在一定的误差。

开采沉陷是一个发生在上覆岩体内的,在时间和空间上都非常复杂的力学过程。为了弄清开采沉陷机理,掌握上覆岩体移动和变形破坏规律,必须进一步研究煤岩体的力学性质及力学行为,特别是对煤岩体的理论模型、破坏准则及数值计算方法等进行深入研究。

### 1.3.2 地表沉陷控制研究现状

条带开采是将要开采的煤层区域划分为比较正规的条带形状,采一条、留一条,使留下的条带煤柱能够支撑上覆岩层的载荷,使地表只发生轻微的、均匀的移动和变形,达到既回收一部分煤炭资源又能控制地表沉陷的目的。

国外学者针对条带开采开展了一定的研究,欧洲的主要采煤国如波兰、苏联、英国等在 20 世纪 50 年代就开始应用这种方法开采建筑物下尤其是村镇、城市下压煤,已取得了较丰富的实践经验。他们应用条带开采法的采深一般小于 500 m,个别采深近千米;煤层采厚大多数为 2 m 左右,少数为 4 m 以上,个别达到 16 m;采出率一般为 40%~60%;条带开采下沉系数一般小于 0.10,仅个别深部条带开采的下沉系数达到 0.16,顶板管理方法一般为全部垮落法,仅波兰在回采厚 5.9 m 以上的煤层时采用了水砂充填;因采深及煤层厚度不同,全部垮落法管理顶板时条带煤柱的宽厚比为 2.5~83.7 不等,而采用水砂充填法管理顶板时,条带煤柱宽厚比为 1.2~5.1。这些国家对条带开采虽然从实践上做了不少工作,但有关条带开采地表移动机理、条带开采优化设计、条带开采地表移动变形预计等方面的研究尚不充分。

国内学者则进行了大量的理论和实践研究,结果表明,条带开采能有效地控制上覆岩层和地表沉陷,保护地面建(构)筑物和生态环境,有利于安全生产,是"绿色开采技术"体系中的重要措施之一,不需要增加或较少增加生产成本,因而在我国煤矿被广泛采用,目前已成为我国村庄下、重要建筑物下及不宜搬迁建(构)筑物下等压煤开采的有效技术途径。

我国自 1967 年首次采用充填条带法开采"三下"压煤以来,先后在全国10 多个省、100 多个条带工作面进行了条带开采,如抚顺、阜新、蛟河、峰峰、淄博、鹤壁、平顶山、焦作、郑州、枣庄、徐州等多个矿区都曾进行了建筑物下压煤的条带开采实践,取得了丰富的实际观测资料和研究成果。在理论研究方面,我国学者对条带开采进行了大量的研究[38-42]。其研究内容涉及条带开采中的一系列基本问题,主要包括条带开采地表移动机理和规律、条带开采地表移动和变形预计、条带煤柱稳定性研究、条带开采参数优化设计研究等方面。

为研究条带开采引起的岩层与地表移动规律,采用现场实测、理论分析等多种方法对此进行了研究,研究认为条带开采的岩层与地表移动机理截然不同于长壁式全部垮落法开采。在条带开采地表与岩层移动机理方面提出的假说主要有煤柱的压缩与压入说、岩梁假说、波浪消失说等。

条带开采最大的优点是在不改变采煤工艺的前提下,较少增加吨煤成本,技术简单,生产管理也不复杂,而且能较大幅度地减少地表沉降,开采下沉系数一般为 0.01~0.2;而其最大缺点是条带采出率低,只有 40%~60%,资源损失严重。因此,在保护地面建筑物的前提下,如何提高条带开采的采出率,是条带开采中必须解决的关键问题。

### 1.3.3　地表沉陷特征研究方法

开采沉陷的研究方法大体上可归纳为两大类:一是应用各种仪器、设备在开采沉陷实际发生的地表或岩体进行的实地观测研究方法;二是在室内进行的模拟研究方法。

（1）实地观测研究方法

岩层与地表移动的过程是十分复杂的,它是许多地质采矿因素综合影响的结果。认识岩层与地表移动这一复杂过程,目前的主要方法是实地观测。通过观测可获得大量的实测资料,然后对这些资料进行综合分析,找出各种因素对移动过程的影响规律,再将这种规律运用到解决开采沉陷问题的实践中去,使之进一步完善与深化。

为了进行实地观测,必须在开采进行之前,在选定的地点设置开采沉陷观测站。所谓观测站,是指在开采影响范围内的地表、岩层内部或其他研究对象上,按一定要求设置的一系列互相联系的观测点。在采动过程中,根据需要定期观测这些测点的空间位置及其相对位置的变化,以确定各测点的位移和点间的相对位移,从而掌握开采沉陷规律。

早在 20 世纪 60 年代,苏联就进行了大量的岩体内部移动规律的实测研究,对 18 个矿井进行钻孔深部测点观测,获得了大量的覆岩移动数据。德国、美国等国也进行过这方面的研究。我国在这方面也做了大量的研究工作,几十年来，各矿区都建立了大量的地表移动观测站，旨在获取适合于本矿区的地表沉陷规律和参数，为地表沉陷规律的研究积累了宝贵的资料和经验。

应该说，实地观测是一种最切合实际的方法，但缺点是观测周期长、观测条件固定和不可重复性。

（2）模拟研究方法

开采沉陷的模拟研究方法，是把岩体抽象、简化为某种理论的或物理的模型，对模型中的煤层模拟实际情况进行"开采"，通过计算（理论模型）或观测（物理模型）模型中岩体由于开采引起的移动和变形来研究开采沉陷规律或解决与开采沉陷有关的实际工程问题的一种方法。

模拟研究方法可以根据需要对某个地质条件多次进行变换，从而研究这个地质条件与开采沉陷之间的关系；模拟时间可以人为控制，避免发生"漏测"实测资料现象；模拟研究在室内进行，从而避免不利环境对观测的影响等，所以这种方法日益得到广泛的应用。然而，岩体是一种非常复杂的介质，模拟时不可能完全模拟所有条件，需要做某些简化，这就导致了模拟结果与实际结果有所差别。另外，在模拟时常用到一些参数，如弹性模量、泊松比等，这些参数虽然可以用实验或经验的方法确定，但与岩体原始应力状态的实际值有较大的差别，往往需要多次调整才能得到理想的结果，这也导致模拟结果与实际的差异。因此，模拟研究方法多用来进行开采沉陷的定性研究，在进行定量研究时，常常要用其他方法进行配合和检查。

① 理论模型模拟法

理论模型模拟简称理论模拟，它是把岩体开采抽象为一定的理论模型，根据实验或经验求得的参数和该理论模型的理论解，对岩体内部及地表受采动引起的位移和应力进行计算。理论模型模拟法又分为传统的理论研究方法和数值计算方法。

在传统的理论研究方法中，最具代表性的是苏联的阿维尔申和波兰的沙武斯托维奇的连续介质力学理论。前者是将上覆岩层看作塑性体，从塑性理论出发研究了岩体在采动影响下的移动规律。后者将上覆岩层看作是弹性基座的梁，采用了弹性基础上的梁弯曲的近似理论。这些连续介质力学方法虽然能够系统地解释岩层及地表移动的力学本质，然而由于反映岩体性质的力学参数难以确定，所以它们的应用受限且至今发展缓慢。另一有代表性的理论研究方法，是以波兰李特威尼申为代表的随机介质力学理论。他把岩体移动过程看作随机过程，从而采用随机介质力学方法来研究岩层移动过程。我国刘宝琛、廖国华以随机介质理论为基础，运用概率论的理论建立了矿区地表移动的计算方法,该计算方法在我国煤矿中仍在普遍应用。

随着计算机技术的发展,开采沉陷的数值模拟方法发展很快并日趋成熟和完善。它是利用力学原理,将岩体开采抽象为一定的理论模型,将经典理论的算法编成相应的计算程序,对采动岩体与地表的沉陷进行数值模拟,使得过去难于计算的问题成为可能。这种方法因能够考虑岩体固有属性,适应不同特征的岩体采动沉陷研究,较为有效地反映了采动岩体的沉陷状态,因而得到广泛应用。数值分析方法主要有有限元法、边界元法和离散元法,它们均在岩层移动计算中得到了不同的应用。

有限元法是随着电子计算机广泛应用而发展起来的一种比较新颖和有效的数值方法。这种方法在20世纪50年代起源于航空工程中飞机结构的矩阵分析,1960年被推广用来求解弹性力学的平面应力问题。到目前为止,巷道压力、采场地压、岩层移动和边坡稳定等各方面的研究都应用了有限元法。一些比较成熟的有限元程序可以直接用于进行开采沉陷的研究。这种方法是把岩层看作由许多单元组成的弹性体,单元间用节点联结,根据已知的边界条件借助电子计算机解联立方程组,从而求得节点位移和单元应力,从而揭示岩层及地表受采动影响而产生的移动变形规律。

边界元法是与有限元法类似的一种数值分析方法,不同点是:边界元法只需对研究对象的边界进行离散和分析就可解决问题,把所考虑问题的维数降低来处理。因此,边界元法所需的单元数比有限元法大为减少,相应计算时需要输入的数据和计算时间也明显减少。近几年来,随着有限元法程序系统的越来越大型化,边界元法这一优点也越来越明显。目前,国内外许多学者都在研究用边界元法解决开采沉陷的模拟计算问题。

离散元法是从20世纪70年代开始兴起的一种数值计算方法,于80年代中期被我国王泳嘉教授引入国内。这种方法特别适用于节理岩体的应力分析,在采矿工程、隧道工程、边坡工程以及放矿动力学等方面都有重要的应用。在岩土力学中,一般是将岩土视作连续介质而赋以不同的本构方程。但是,岩体往往为众多的节理或结构面所切割,特别是开挖区附近的破碎岩体面具有明显的不连续性,很难用传统的有限元法或边界元法来处理,离散单元可以比较好地模拟这种情况。

近十年来,在开采沉陷的数值模拟方面,我国一些学者利用模型模拟出了一些非常有价值的成果。例如,谢和平的损伤非线性大变形有限元法;何满潮的非线性光滑有限元法;高延法的黏弹性有限元法;宋扬等利用有限元法研究支承压力显现的过程;王泳嘉等利用了离散元法或边界元法研究了岩层移动规律及其冒落、离层等问题;唐春安等针对传统有限元连续性和均匀性假设这两个致命弱点,将岩层离散成符合实际的块体单元,提出了岩层移动过程的数值模拟新方法;等等。

这些数值方法为开采沉陷的数值计算和定量预测奠定了基础。目前,数值模拟开采沉陷问题已应用于条带开采覆岩移动规律研究、急倾斜煤层条带开采研究、受采动影响堤坝稳定性分析、巨厚冲积层地表移动规律研究、断层存在时的地表移动预计、复杂条件下井筒煤柱开采等。

② 物理模型模拟法

物理模型模拟简称为物理模拟。开采沉陷研究中最常用的物理模拟方法是相似材料模拟法,它是一种模拟研究专门的技术问题的方法,被广泛应用于水利、建材、建工和采矿等部门。1937 年,苏联全苏矿山测量研究院首次采用了这种方法研究岩层与地表移动问题。第二次世界大战后,这种方法在许多国家如波兰、捷克等得到广泛的应用和发展,成为一种岩层移动室内研究的重要手段。我国从 20 世纪 50 年代末开始采用这一方法。煤炭科学研究总院、中国矿业大学等首先开展了这方面的开发和研究,并先后建立了相似材料模拟实验室,大力开展了地下开采对岩层的破坏规律研究和"三下"及井筒内外开采的实验室实验工作。开采沉陷相似材料模拟方法的实质是:根据相似原理,将矿山岩层以一定比例缩小,把实际岩体用人工材料制成相似材料模型,对模型中的煤层根据实际开采速度按时间比例进行开采,观测开采引起的岩层和地表移动、变形,把它换算为实际值,并根据模型上出现的某些现象,分析、推测实地岩层所发生的情况。

目前,相似材料模拟开采沉陷问题已应用于急倾斜煤层条带开采研究、采空区周围岩体破裂规律研究,以及特殊地质条件下的地表移动规律研究,如重复采动问题、堤坝下采煤分析、厚松散层地表移动规律研究等。

③ 理论-物理模拟法

理论-物理模拟法是理论模拟和物理模拟相结合的一种方法。其具体方法为:先用物理模拟大体上了解岩体的应力和位移规律,以便选择合适的理论模型,确定单元的划分方法和边值条件;再根据此理论模型进行理论模拟,根据所得的结果,采用更为完善的物理模型来验证模拟的准确性。理论-物理模拟法是一种较好的模拟方法,但目前在开采沉陷研究中使用的尚不广泛。

### 1.3.4 阳泉矿区地表沉陷特征研究现状

阳泉矿区煤层赋存为煤层群,煤层直接顶普遍较厚,容易冒落;煤层基本顶较坚硬,但容易断裂。阳泉矿务局中厚煤层采用长壁式全部冒落采煤方法;厚煤层曾采用倾斜分层长壁式全部冒落采煤方法;近几年来多采用一次采全高放顶煤采煤方法。

阳泉矿区地处太行山西麓的山岭地带,山西高原东侧,沁水煤田东北边缘,山峰林立、沟壑纵横,组成了复杂的山地外貌,海拔在 $600 \sim 1\,400$ m 之间,属低山及山区丘陵地貌。经过 50 多年的开采,导致大面积的地表沉陷、开裂,沉陷面积达 152.82 km²,开采使地面建(构)筑物损坏严重。单一中厚煤层大面积开采之后,采空区上部地面将形成地表移动盆地;当煤层群多次重复开采时,采空区上部地面可能产生地表大裂缝、地坎、壕沟及塌陷坑等。

根据以往的实测数据,对阳泉矿区主要矿井地表沉陷结果的最大值进行统计,主要移动变形极值见表 1-1。

**表 1-1　阳泉矿区主要矿井地表移动变形极值统计表**

| 序号 | 沉陷区 | 最大沉降量/mm | 水平移动值/mm | | 倾斜值/(mm/m) | | 曲率值/(mm/m²) | | 水平变形值/(mm/m) | |
|---|---|---|---|---|---|---|---|---|---|---|
| 1 | 一矿 | 8 657 | −2 715 | 2 126 | −109.5 | 116.8 | −2.68 | 3.46 | −35.4 | 57.7 |
| 2 | 二矿 | 10 810 | −1 538 | 1 789 | −75.5 | 78.6 | −3.55 | 3.81 | −28.3 | 34.6 |
| 3 | 三矿 | 9 979 | −2 104 | 1 938 | −80.3 | 91.4 | −2.73 | 4.98 | −30.2 | 40.5 |
| 4 | 四矿 | 8 808 | −2 313 | 2 229 | −346 | 225 | −24.4 | 30.8 | −91.2 | 103.5 |
| 5 | 五矿 | 6 468 | −1 958 | 1 839 | −85.3 | 88.6 | −3.02 | 3.38 | −33.8 | 38.5 |
| 6 | 新井矿 | 2 082 | −524 | 498.6 | −17.1 | 20.4 | −0.36 | 0.34 | −7 | 7.2 |

由表中数据可以看出,阳泉矿区煤层开采层数多,多数矿井属煤层重复开采,因而地表的移动持续时间长。浅部煤层开采后形成的沉陷区稳定后,下部煤层的开采又会使其再度"活化"。特别是在开采下部厚煤层时,采用长壁式一次采全高的采煤方法,其开采强度大,对地表破坏会更加严重。

阳泉矿区松散黄土层或风化坡积物表面倾角多在 $10° \sim 40°$ 之间,均比阳泉矿区设计煤柱采用的 72° 小,极易产生滑动。煤层开采后,地表形态发生变化,地面产生裂隙。有雨水侵入时,使黄土层的内摩擦角减小,处在山坡处的表土向下产生滑移,使采动引起的地表沉陷影响范围扩大。同时,在许多地区形成不稳定的边坡,时刻威胁着建筑物的安全。

在长期的实测研究中,阳泉矿区通过数据分析,总结出普通情况下地表移动参数(下沉系数 $q = 0.72$,水平移动系数 $b = 0.22$,主要影响角正切值 $\tan\beta =$

2.1,拐点偏距 $s=0.12H$,采高 $m=2$ m 或 $m=6$ m),在后期的地表沉陷预计中大多利用此参数和砖石结构建筑物的允许地表变形值(倾斜 $i=\pm3$ mm/m,曲率 $k=\pm0.2$ mm/m$^2$,水平变形 $\varepsilon=\pm2$ mm/m)进行充分采动条件下的相关预计。

根据阳泉矿区已有的沉陷观测资料发现,地表沉陷预计参数已经取得了一定的应用,并为矿区的部分煤矿所认同。但针对丘陵地貌条件下的沉陷观测与预计研究工作却相对匮乏,本书将为此方面的研究做出一定的贡献。

# 1.4 主要研究内容

地下开采是一个极其复杂的四维时空问题,鉴于目前阳泉矿区开采沉陷研究现状,为更好地指导"三下"开采设计和对建筑物采取更有效的保护措施,以便减小采动损害,本书拟对以下几个问题进行研究:

(1)研究丘陵地貌下开采地表移动变形特征。

(2)选择合适的时间函数建立动态地表移动和变形过程预计方法。

(3)研究时间影响系数的确定方法。

(4)研究时间影响系数对动态地表移动和变形的影响规律。

(5)研究工作面推进速度对动态地表移动和变形规律的影响。

(6)研究动态过程预计中开采单元的划分方法。

# 第 2 章　试验采区基本条件

## 2.1　矿井概况

阳煤集团寿阳开元矿业有限责任公司,前身为山西寿阳县黄丹沟煤矿,矿井设计生产能力为 1.2 Mt/a。开元煤矿交通位置如图 2-1 所示。

矿井井田南北长度约 5.5 km,东西宽度约 5 km,面积为 27.5 km²。现开采井田北部,主采煤层为 9#、15# 煤层。开拓方式采用斜井开拓。

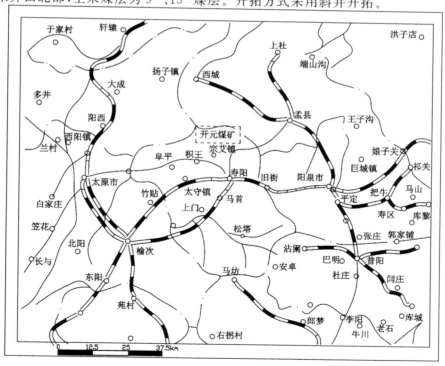

图 2-1　开元煤矿交通位置图

井田地处黄土高原,气候干燥,昼夜温差大。降水量:平均年降水量为 505.41 mm,降水多集中在 6~9 月,7、8 两个月最多,多为暴雨,常夹冰雹;蒸发量:平均年蒸发量为 1 754.16 mm,年最高达 2 265.0 mm,年最低为 1 483.8 mm;气温:年平均气温为 7.60 ℃,一月份最冷,平均气温为 -8.80 ℃,七月份最热,平均气温为 21.60 ℃;风向:风向夏季为东南,冬季为西北;风速:年平均风速为 2.48 m/s,最大月平均风速为 3.9 m/s,最小月平均风速为 1.0 m/s;霜期:初霜期为 9 月中旬,终霜期为次年的 4 月中旬,长达 7 个月之久,全年无霜期为 148 d;冻土深度:最大冻土深度为 1.10 m。

## 2.2 煤层赋存情况

煤层赋存稳定,结构复杂,据 H3、P36 号钻孔资料,东部发育有 3 层夹石,西部逐渐变为 2 层夹石,煤层总厚 3.95~4.9 m,平均 4.5 m,呈东薄西厚变化,煤层顶底板岩性见表 2-1。

表 2-1　煤层顶底板岩性

| 顶板名称 | 岩石名称 | 厚度/m | 岩性特征 |
|---|---|---|---|
| 基本顶 | 中砂岩 | 6.6 | (K7)石英为主,分选不好,磨圆较差,颗粒向下渐细 |
| 直接顶 | 砂质泥岩、泥岩、煤 | 12.16 | 砂质泥岩、泥岩、煤互层,西部 8#、9# 煤层间距逐渐变薄,直接顶厚度变小 |
| 直接底 | 砂质泥岩 | 9.31 | 泥岩、砂质泥岩互层,上部含根化石 |
| 基本底 | 砂质泥岩 | 5.93 | 东部渐变为粉砂岩,局部上部有菱铁矿 |

主要含煤地层为山西组和太原组,含煤地层总厚度为 180.78 m,煤层总厚度为 17.83 m,含煤系数 9.9%。共含 16 层煤,自上而下依次为 1、2、3、4、5、6、8、9、11、12、13、13下、15、15下、16、17 号。其中,南部分区为 3、9、15、15下 号煤层可采。开元煤矿岩层综合柱状图如图 2-2 所示。

南部分区各煤层特征见表 2-2,各可采煤层分述如下:

(1) 3# 煤

位于山西组中部,K8 砂岩下 20.0 m 左右。煤层厚度为 1.60~2.50 m,平均厚度为 2.20 m。南部分区东、西两侧变薄不可采,中间部分全部可采。煤层结构简单,含或偶含 1 层夹石。顶底板岩性以砂质泥岩和泥岩为主。本煤层属局部可采煤层。

| 序号 | 累厚/m | 层厚/m | 柱状 1:500 | 岩石名称 |
|---|---|---|---|---|
| 1 | | 10.56 | | 粉土 |
| 2 | 23.71 | 13.15 | | 粉质黏土 |
| 3 | 30.51 | 6.80 | | 黏土 |
| 4 | 34.01 | 3.50 | | 亚砂黏土 |
| 5 | 40.01 | 6.00 | | 杂色细砂岩 |
| 6 | 44.21 | 4.20 | | 杂色砂质泥岩 |
| 7 | 48.21 | 4.00 | | 黄色泥岩 |
| 8 | 50.61 | 2.40 | | 黄色粉砂岩 |
| 9 | 56.21 | 5.60 | | 黄色砂质泥岩 |
| 10 | 57.61 | 1.40 | | 黄色粉砂岩 |
| 11 | 67.41 | 9.80 | | 黄色砂质泥岩 |
| 12 | 72.21 | 3.80 | | 杂色泥岩 |
| 13 | 79.36 | 7.15 | | 灰绿色细砂岩 |
| 14 | 81.36 | 2.00 | | 灰绿色中砂岩 |
| 15 | 89.21 | 7.85 | | 杂色铝质泥岩 |
| 16 | 97.71 | 8.50 | | 灰绿色粉砂岩 |
| 17 | 102.31 | 4.60 | | 浅灰色粗砂岩 |
| 18 | 108.01 | 5.70 | | 杂色泥岩 |
| 19 | 108.91 | 0.90 | | 浅灰色粉砂岩 |
| 20 | 138.41 | 29.50 | | 浅灰色中粗砂岩 |
| 21 | 140.51 | 2.10 | | 深灰绿色砂质泥岩 |
| 22 | 142.51 | 2.00 | | 紫色泥岩 |
| 23 | 152.81 | 10.30 | | 深灰绿色砂质泥岩 |
| 24 | 159.41 | 6.60 | | 灰色粉砂岩 |
| 25 | 161.71 | 2.30 | | 灰色砂泥岩互层 |
| 26 | 165.40 | 3.69 | | 深灰色泥岩 |
| 27 | 167.50 | 2.10 | | 灰色砂质泥岩 |
| 28 | 168.50 | 1.00 | | 灰色细粒砂岩 |
| 29 | 178.25 | 9.05 | | 灰色泥岩 |
| 30 | 182.45 | 4.20 | | 灰色砂质泥岩 |
| 31 | 190.20 | 7.75 | | 深灰色黏土泥岩 |
| 32 | 191.90 | 1.70 | | 灰至深灰色砂质泥岩 |
| 33 | 194.90 | 3.00 | | 浅灰色中砂岩 |
| 34 | 198.30 | 3.40 | | 深灰色砂质泥岩 |
| 35 | 203.05 | 4.75 | | 灰色粉砂岩 |

| 序号 | 累厚/m | 层厚/m | 柱状 | 岩石名称 |
|---|---|---|---|---|
| 36 | 205.05 | 2.00 | | 灰白色粗砂岩 |
| 37 | 207.90 | 2.85 | | 深灰色粉砂岩 |
| 38 | 208.80 | 1.90 | | 灰色细砂岩 |
| 39 | 211.20 | 2.40 | | 深灰色泥岩 |
| 40 | 212.40 | 1.20 | | 灰色中砂岩 |
| 41 | 217.00 | 4.60 | | 深灰色黏土泥岩 |
| 42 | 218.70 | 1.70 | | 灰色粉砂岩 |
| 43 | 226.30 | 7.60 | | 深灰色砂质泥岩 |
| 44 | 227.80 | 1.50 | | 浅灰色细砂岩 |
| 45 | 230.61 | 2.81 | | 灰黑色泥岩 |
| 46 | 233.23 | 2.62 | | 灰色细砂岩 |
| 47 | 238.83 | 5.60 | | 灰色至深灰色砂质泥岩 |
| 48 | 240.95 | 2.12 | | 灰白色中砂岩 |
| 49 | 246.73 | 5.78 | | 灰黑色泥岩 |
| 50 | 249.71 | 2.98 | | 灰色粉砂岩 |
| 51 | 251.67 | 1.96 | | 3#煤 |
| 52 | 254.00 | 2.33 | | 灰黑色泥岩 |
| 53 | 261.80 | 7.80 | | 深灰色砂质泥岩 |
| 54 | 266.86 | 5.06 | | 灰色粉砂岩 |
| 55 | 274.62 | 7.76 | | 灰色粉砂岩 |
| 56 | 280.60 | 5.98 | | 灰色细砂岩 |
| 57 | 281.96 | 1.36 | | 灰黑色砂质泥岩 |
| 58 | 282.94 | 0.98 | | 6#煤 |
| 59 | 284.43 | 1.49 | | 灰黑色砂质泥岩 |
| 60 | 287.68 | 3.25 | | 灰色细砂岩 |
| 61 | 292.34 | 4.66 | | 灰黑色砂质泥岩 |
| 62 | 293.58 | 1.24 | | 灰黑色泥岩 |
| 63 | 294.34 | 0.76 | | 8#煤 |
| 64 | 303.80 | 9.46 | | 深灰色砂质泥岩 |
| 65 | 304.95 | 1.15 | | 9#煤 |
| 66 | 305.85 | 0.90 | | 灰黑色砂质泥岩 |
| 67 | 308.10 | 2.25 | | 9#煤 |
| 68 | 314.71 | 6.61 | | 灰黑色砂质泥岩 |
| 69 | 317.71 | 3.00 | | 深灰色石灰岩 |
| 70 | 322.91 | 5.20 | | 灰黑色砂质泥岩 |
| 71 | 325.61 | 2.70 | | 灰色细砂岩 |
| 72 | 331.81 | 6.20 | | 灰黑色砂质泥岩 |
| 73 | 337.71 | 5.90 | | 灰色石灰岩 |
| 74 | 340.81 | 3.10 | | 灰色砂质泥岩 |
| 75 | 344.41 | 3.60 | | 灰色粉砂岩 |
| 76 | 347.11 | 2.70 | | 黑色泥岩 |
| 77 | 347.91 | 0.80 | | 黑色含炭泥岩 |
| 78 | 350.41 | 2.50 | | 黑色泥岩 |
| 79 | 354.61 | 4.20 | | 深灰色石灰岩 |
| 80 | 365.41 | 10.80 | | 灰色细砂岩 |
| 81 | 372.21 | 6.80 | | 灰黑色砂质泥岩 |
| 82 | 373.53 | 1.32 | | 深灰色石灰岩 |
| 83 | 375.83 | 2.30 | | 灰黑色钙质泥岩 |
| 84 | 380.43 | 4.60 | | 15#煤 |
| 85 | 384.13 | 3.70 | | 深灰色砂质泥岩 |
| 86 | 386.23 | 2.10 | | 15#煤 |
| 87 | 392.13 | 5.90 | | 深灰色粉砂岩 |
| 88 | 398.83 | 6.70 | | 黑色泥岩 |
| 89 | 403.23 | 4.40 | | 灰色铝质泥岩 |
| 90 | 408.53 | 5.30 | | 灰黑色泥岩 |
| 91 | 409.56 | 1.03 | | 浅灰色细砂岩 |

图 2-2　开元煤矿岩层综合柱状图

表 2-2　各煤层特征汇总

| 煤号 | 平均厚度 /m | 煤层间距/m 最小~最大 平均 | 夹石层 | 夹石厚度/m | 稳定性 |
|---|---|---|---|---|---|
| 3 | 2.20 | | 0~1 | — | 较稳定 |
| 9 | 4.93 | $\dfrac{24.92\sim69.12}{43.9}$ | 0~4 | <0.2 | 稳定 |
| 15 | 3.55 | $\dfrac{49.6\sim70.08}{64.0}$ | 0~3 | <0.2 | 稳定 |
| 15下 | 1.72 | $\dfrac{0.8\sim14.4}{5.5}$ | — | — | 较稳定 |

（2）9#煤

位于太原组上部，K4 灰岩以上 20 m 左右，煤层厚度为 3.51~5.80 m，平均厚度为 4.93 m，南部分区 9#煤与 8#煤合并，煤层明显增厚，煤层含夹石 0~4 层，其岩性为泥岩或碳质泥岩，厚度一般小于 0.20 m，煤层结构简单至复杂。顶板为泥岩或砂质泥岩，局部为中、细粒砂岩。底板为砂质泥岩、泥岩，局部为粉砂岩或细粒砂岩。本煤层属全分区稳定可采煤层。

（3）15#煤

位于太原组下部，K2 石灰岩为其直接顶板，局部有薄层碳质泥岩伪顶。煤层厚度为 1.42~4.89 m，平均厚度为 3.55 m。煤层结构简单至复杂，含 0~3 层夹石，其岩性为泥岩，厚度一般小于 0.2 m。底板为泥岩、砂质泥岩，局部为粉砂岩或细粒砂岩。本煤层属全分区稳定可采煤层。

（4）15下煤

位于太原组下部，距 15#煤 0.80~14.4 m，为太原组最下一层可采煤层。煤层厚度平均为 1.72 m，南部分区仅东南角可采。煤层结构简单至复杂。顶板岩性为中、细粒砂岩或砂质泥岩，底板岩性为砂质泥岩、细粒砂岩，局部为碳质泥岩或粉砂岩。本煤层属全分区局部可采煤层。

# 2.3　试验采区水文地质概况

井田位于沁水煤田西北隅，属掩盖至半掩盖区，新生界地层广泛分布，基岩零星出露于沟谷之内。地层由老到新依次为：奥陶系中统，石炭系中、上统，二叠系，第三系，第四系。

### 2.3.1　奥陶系(O)

（1）中统马家沟组($O_{2s}$)

厚度为 180.00～325.00 m,平均厚度为 298.32 m。由浅灰及深灰色厚层白云质灰岩、含泥岩、角砾状泥灰岩等组成,灰岩质纯致密,普遍具有不均匀岩化现象。

（2）中统峰峰组($O_{2f}$)

厚度为 122.59～238.30 m,平均厚度为 166.53 m。由灰、黑、浅灰色白云质灰岩及花斑灰岩等组成,下部含石膏条带,局部含星状黄铁矿。

### 2.3.2　石炭系(C)

（1）中统本溪组($C_{2b}$)

厚度为 29.94～68.62 m,平均厚度为 47.97 m。主要由浅灰、灰色粉砂岩、砂质泥岩、泥岩、铝质泥岩及 2～4 层石灰岩组成,夹浅灰色细粒砂岩及 2～3 层煤线。底部为透镜状分布的山西式铁矿及 G 层铝土矿,与下伏地层平行不整合接触。

（2）上统太原组($C_{3t}$)

厚度为 104.11～134.21 m,平均厚度为 120.78 m。以 K1 砂岩连续沉积于本溪组之上,由灰色及灰白色砂岩、灰黑色砂质泥岩、泥岩、深灰色石灰岩及煤层组成。石灰岩一般有 4 层,自下而上依次为 K2$_下$、K2、K3 及 K4 石灰岩。含煤 11 层,编号依次为 8、9$_上$、9、11、12、13、13$_下$、15、15$_下$、16、17 号,其中 8、9、15、15$_下$号 4 层可采。

### 2.3.3　二叠系(P)

（1）下统山西组($P_{1s}$)

厚度为 48.22～70.00 m,平均厚度为 60.00 m。由灰及灰白色中细粒砂岩、深灰及灰黑色砂质泥岩、泥岩和煤层组成。底部以 K7 砂岩连续沉积于太原组之上。本组含煤 6 层,编号依次为 1、2、3、4、5、6 号,其中 3、6 号两层可采。

（2）下统下石盒子组($P_{1x}$)

厚度为 111.60～133.14 m,平均厚度为 122.60 m。以底部 K8 砂岩连续沉积于山西组之上。下部为灰黄、灰绿、灰黑色中细粒砂岩及砂质泥岩、泥岩、铝质泥岩等。组成 K8 砂岩的为灰、灰白色粗-细粒砂岩。上部为灰、灰绿色、灰黄色中粗粒长石及石英砂岩夹紫红色砂质泥岩、泥岩。顶部为 1～2 层铝质泥岩或含铝质泥岩,富含菱铁质鲕粒,风化后呈鲜艳的紫红色斑块,俗称"桃花泥岩",可作为辅助标志层,与顶部的上石盒子组分界。

（3）上统上石盒子组（$P_{2s}$）

厚度为 235.00～438.45 m,平均厚度为 345.00 m。以 K12（狮脑峰砂岩）为界分为上、下两段。

① 下段（$P_{2s}{}'$）

自 K10 砂岩底至 K12 砂岩底。下部以黄绿色、灰绿色中细粒砂岩为主,夹黄褐、黄绿、紫褐色泥岩及砂质泥岩为主。上部以灰褐、暗紫等杂色砂质泥岩为主,夹黄绿色中细粒砂岩。

② 上段（$P_{2s2}$）

自 K12 砂岩底至 K13 砂岩底。K12 砂岩为灰白色厚层状含砾中粗砂岩、泥质、硅质、硅质胶结。其上为黄绿色、暗紫色细粒长石及石英砂岩与暗紫色、黄绿色砂质泥岩互层。

### 2.3.4 第三、第四系（R＋Q）

（1）上第三系上新统（$N_2$）

厚度为 0～25 m,由鲜红及暗紫色黏土、紫红色细砂岩、浅灰色砾岩组成,不整合覆于各不同时代基岩之上。

（2）下更新统（$Q_1$）

厚度为 5～70 m,下部为黄土、淡红色细粉砂土。中部为灰褐、黄灰色黏土夹泥灰岩薄层。上部为橙红及深红色黏土、亚黏土,夹多层古土壤层。

（3）中更新统（$Q_2$）

厚度为 10～30 m,淡红及褐黄色亚黏土、黏土,夹古土壤层及 1～3 层钙质结核,底部为淡红色砂砾石层。

（4）上更新统（$Q_3$）

厚度为 0～15 m,井田内广泛分布为淡灰黄及土黄色亚黏土、亚砂土,含钙质结核垂直节理发育。

（5）全新统（$Q_4$）

厚度为 0～20 m,分布于各大沟谷之内,为近代冲洪积物、基岩风化砂土层。

南部分区总体构造形态为一走向东西、向南倾斜的单斜构造,在此单斜上发育有次级的宽缓褶曲,使井田呈舒缓的波状起伏,煤层倾角为 2°～8°,平均倾角为 6°。现地质资料没有提供该区断层、陷落柱情况,从井田北、中部存在较多构造的实际情况分析,本区可能存在隐伏的断层、陷落柱。

本面煤层埋藏深度为 310~420 m,上部含水岩组是以 K7、K8 砂岩为主的砂岩裂隙含水岩组和第四系砂砾冲积层含水岩组。由于为黄土丘陵地貌,大气降水后多被黄土层吸收,因此地下水补给性较好,含水层水比较发育。根据导水裂隙带最大导水高度经验公式计算导水裂隙带高度为 100 m,因此本面在回采中塌陷裂隙将会沟通砂岩裂隙含水岩组,成为本面的主要涌水源。通过对二水平 3# 煤 3304 首采面涌水分析,本面正常涌水量预计为 15~20 m³/h,最大为 25 m³/h 左右。矿区地形地貌如图 2-3 所示。

(a) U 形宽谷

(b) 丘陵

(c) 梁、峁

图 2-3　矿区地形地貌图

本面掘进时揭露陷落柱 3 个,坑透 1 个。位于切巷靠回风侧陷落柱(X2)已进行钻探,基本查明其大小、位置。回风巷陷落柱(X1)为北帮揭露,不影响本面的开采。进风巷揭露的陷落柱(X3)位于工作面东部并和坑透圈定的陷落柱(X4)相邻。

# 2.4 试验采区煤层开采条件

9404 工作面位于二阶段 9# 煤轨、胶、回大巷和 15# 煤胶带大巷以西,西靠放马沟村预留煤柱,南为 9405 设计面,北部西侧为放马沟村预留煤柱,东侧为未设计面。本面倾斜长 180 m,走向长 1 064 m,面积为 191 520 m²,工作面布置情况如图 2-4 所示。

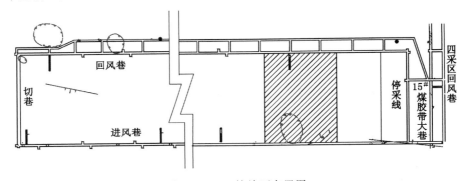

图 2-4 9404 综放面布置图

工作面采用走向长壁后退式开采,综采放顶煤工艺,全部垮落法管理顶板;采用 MG-575 型双滚筒采煤机割煤,利用螺旋滚筒旋转和 SGZ-764/400 型输送机铲煤板将煤自行装入输送机,落煤由工作面 SGZ-764/400 型输送机送到 SZZ-800/250 型转载机,通过 SSJ-1000 型带式输送机运送到 SGZ-764/400 型运输溜槽,再运至二水平胶带,通过 9# 煤胶带进入 9# 煤采区煤仓。工作面支架为 ZFSB4000-1.7/2.8 型低位放顶煤液压支架,端头采用 ZFG4800H-1.8/2.9 型放顶煤支架。设备技术参数见表 2-3、表 2-4。

表 2-3 ZFSB4000-1.7/2.8 型低位放顶煤液压支架参数

| 支护高度 | 1 700～2 800 mm | 底板比压 | 1.5 MPa |
|---|---|---|---|
| 工作阻力 | 4 000 kN(31.5 MPa) | 支护面积 | 5.37～7.14 m² |
| 额定初撑力 | 3 517 kN(28 MPa) | 支护强度 | 0.66 MPa |
| 柱径 | 185 mm | 中心距 | 1 500 mm |
| 缸径 | 200 mm | | |

**表 2-4  MG-575 型双滚筒采煤机参数**

| 型号 | MG-575 | 牵引速度 | 0～6.3 m/min |
|---|---|---|---|
| 采高范围 | 1.8～3.5 m | 截深 | 0.63 m |
| 滚筒直径 | 1.8 m | 电机功率 | 2 kW |
| 牵引力 | 450 kN | 牵引形式 | 齿销式 |

## 2.5  试验采区地形地貌特征

井田位于寿阳、阳泉构造堆积盆地区的西北部,属黄土丘陵地貌,梁、峁比较发育且平坦,沟谷多呈 U 形宽谷。井田内大面积为第四系黄土及二叠系上、下石盒子组地层。井田地势总的趋势为西高东低、北高南低,最高点在井田西南的寺儿沟,标高 1 247.3 m,最低点在井田东南的寺庄,标高 1062.7 m,最大高差 184.6 m,一般相对高差多在 40～100 m 之间。

# 第3章 丘陵地貌下开采地表沉陷特征

## 3.1 研究方法与主要思路

### 3.1.1 主要研究内容

（1）在9404工作面开采过程中，定期对工作面对应地表进行地表开采沉陷观测，对测点的经纬度和标高进行测量，并且做好观测记录及数据的整理。

（2）通过分析地表沉陷观测数据，对9404工作面开采以后地表的移动变形特征进行深入研究，找出具体的沉陷参数与采动影响范围。

（3）结合9404工作面上覆岩层结构和对应岩性，使用ITASCA公司离散元软件UDEC建立9404工作面开采的数值模型，分析该区采后地表达到充分采动时的地表移动变形特征。

### 3.1.2 研究方法与主要思路

通过数值模拟和沉陷预计系统等试验手段对9404工作面地表沉陷规律进行研究，具体技术路线如图3-1所示。

（1）根据9404工作面开采过程中的地表沉陷实测数据，掌握该工作面采后地表下沉、水平位移、倾斜、曲率、水平变形五项移动变形指标的变化规律，确定地表采动影响范围，总结出非充分采动条件下的下沉系数、水平移动系数、主要影响角正切值等参数的变化规律，为今后丘陵地貌下开采地表沉陷预计提供必要的计算依据。

（2）针对阳泉矿区开元煤矿地表丘陵地貌，通过数值模拟研究，掌握开元煤矿9#煤层达到充分采动时的地表沉陷规律，总结出其在特殊地貌和地质开采条件下的沉陷特征，从而为相似条件下地表沉陷规律研究提供参考和依据。

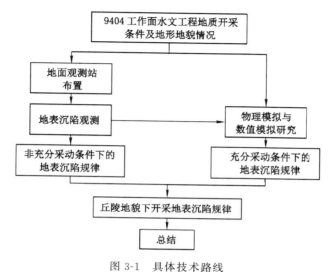

图 3-1　具体技术路线

# 3.2　丘陵地貌下开采地表沉陷规律的实测研究

## 3.2.1　地面观测站布置

### 3.2.1.1　观测站布设的原则

观测站是指在开采进行之前,在开采影响范围内的地表或其他研究对象上,按照一定要求设置的一系列互相联系的观测点。在采动过程中,根据要求定期对这些观测点进行监测,以确定它们的空间位置及其相对位置的变化,从而掌握地表移动和变形的规律。设计原则如下:

(1)观测线设计在移动盆地的主断面上。

(2)观测线的长度应大于移动盆地的范围。

(3)观测期间尽量不受邻近采区的影响。

(4)观测线上应根据采深和设站的目的布置一定密度的测点。

(5)观测线的控制点应在移动盆地范围之外埋设牢固,冻土区控制点的底面应在冻土线 0.5 m 以下。

观测站设计包括编写设计说明书和绘制设计图两部分工作,其中设计图包括平面图和断面图,比例尺一般与井上、下对照图一致。

观测站设站地点的选择取决于设站的目的,观测站设站地点的选择会直接影响到观测成果的使用价值。选择设站地点时,应根据我国生产发展的具体情况及开采沉陷的研究现状,密切结合开采影响的实际问题。

### 3.2.1.2　观测站的类型

按照观测站设置的地点分为地表移动观测站和专门观测站。地表移动观测站是为了研究地表移动和变形的规律,在开采影响范围内的地表上所布设的观测站;专门观测站是为了某一个特定的目的所设立的观测站,如建筑物观测站、铁路观测站、边坡移动观测站等。本次设置地表移动观测站。

按照观测的时间分为普通观测站和短期观测站。普通观测站观测时间较长(一般一年以上),是在地表移动的开始到结束的整个过程中定期进行观测,主要为了研究地表移动和变形的规律。短期观测站是观测时间较短,是在地表移动过程中的某个阶段进行观测,是在急需开采沉陷资料的情况下才采用。

### 3.2.1.3　观测站布置的形式

按照布站的形式分为网状观测站和剖面线状观测站。网状观测站是在产状复杂的矿层或在建筑物密集的地区开采时,可考虑多布设一些测点,组成网状观测站。网状观测站可以对整个采动影响范围进行观测,所得资料比较全面、准确,但测点数目较多,野外观测和室内成果整理工作量大,且受地形、地物条件的限制。剖面线状观测站是目前各矿区用得较多的一种布站形式。它是在沿移动盆地主断面的方向上,将观测点布设成直线的观测站。有时因条件限制不能布设成直线时,也可布设成具有少量转点的折线形。剖面线状观测站通常由两条互相垂直且相交的观测线所组成。

我国矿区大多数采用剖面线状观测站,走向观测线和倾斜观测线互相垂直且相交。在充分采动条件下,通过移动盆地的平底部分都可以设置观测线。在非充分采动的条件下,观测线设在移动盆地的主断面上。观测线的长度应保证两端(半条观测线时为一端)超出采动影响范围,以便建立观测线控制点和测定采动影响边缘。采动影响范围内的测点为工作测点,在采动过程中应保证其与地表一起移动,以反映地表的移动状态。

本次观测站设计类型为剖面线状普通地表移动观测站,设计走向观测线和倾斜观测线互相垂直,并且在地表移动盆地的主断面上。

### 3.2.1.4　观测线设计所用参数

根据地表移动观测站设计的基本原理,需要确定以下参数:工作面倾斜长度、工作面走向长度、上山移动角 $\gamma$、下山移动角 $\beta$、松散层移动角 $\varphi$、最大下沉角 $\theta$、走向移动角 $\delta$、工作面平均开采深度 $H_0$ 等。其参数选取与工作面上覆岩层的岩性及地质采矿条件等有关。根据前期工作面岩层移动观测和《煤矿测量规程》第 258 条的规定,在最大下沉角 $\theta$ 尚未求得前,可按其近似公式计算(见表 3-1)。

表 3-1　按覆岩性质区分的最大下沉角

| 覆岩类型 | 最大下沉角 $\theta$ | |
| --- | --- | --- |
| | $\alpha < 50°$ | $\alpha > 50°$ |
| 坚硬 | $\theta = 90° - (0.7\sim0.8)\alpha$ | $\theta = 90° - (0.4\sim0.2)\alpha$ |
| 中硬 | $\theta = 90° - (0.6\sim0.7)\alpha$ | $\theta = 90° - (0.4\sim0.2)\alpha$ |
| 软弱 | $\theta = 90° - (0.5\sim0.6)\alpha$ | $\theta = 90° - (0.4\sim0.2)\alpha$ |

注:$\alpha$ 为煤层倾角。

### 3.2.1.5　观测线位置的确定

本次观测站设计类型为剖面线状普通地表移动观测站,观测的主要目的是研究地表移动规律。根据《煤矿开采损害与保护》一书中对剖面线状观测站布设形式与设计方法的研究,当工作面的推进长度 $l_3 > 1.4H_0 + 50$ m 时,可以考虑在其采动区内设置两条相距 $50\sim70$ m 的走向观测线(也可只设一条走向观测线),沿煤层倾向设置一条倾向观测线(也可只设半条倾向观测线)。

根据以上情况,参照 9404 工作面的地质采矿条件以及《煤矿测量规程》的相关规定,设计沿工作面推进方向(煤层倾向)布置观测线 1 条,平行于工作面方向(煤层走向)布置观测线 1 条,走向观测线和倾向观测线互相垂直。

(1)沿工作面推进方向观测线位置的确定

首先判断地表是否达到了充分采动。如果地表在平行工作面方向上为非充分采动,将沿推进方向的观测线布置在采空区的中心。若地表达到了超充分采动,则观测线布置在平底部分。根据试验采区地质采矿条件,9404 工作面地表移动在平行工作面方向上为非充分采动,因此,倾向观测线布置在采空区的中心。

(2)平行于工作面方向观测线位置的确定

平行于工作面方向观测线应位于该方向的主断面上,确定主断面的位置应在倾斜主断面上按最大下沉角 $\theta$ 来确定。考虑到煤层倾角的影响,观测线应向下山方向平移,由采空区中心向下山方向偏移一段距离 $d$(图 3-2),即:

$$d = H_0 \cot \theta$$

### 3.2.1.6　观测线长度的确定

(1)沿工作面推进方向观测线长度的确定

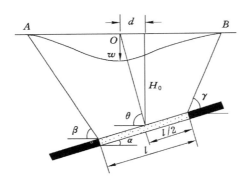

图 3-2  工作面倾斜观测线位置确定计算图

一般情况下,沿工作面推进方向观测线的长度是在移动盆地的主断面上确定,自工作面边界以 $\beta-\Delta\beta$ 和 $\gamma-\Delta\gamma$ 画线与基岩和松散层接触面相交,再以该点以角 $\varphi$ 画线与地表交于两点,如图 3-3 所示。

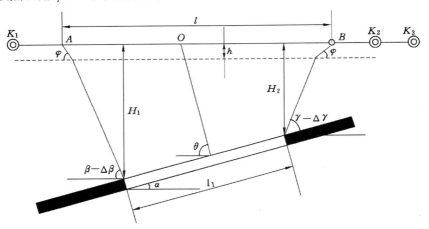

图 3-3  工作面倾向观测线长度计算示意图

沿工作面推进方向上观测线长度 $l$ 按下式计算:

$$l = 2h\cot\varphi + (H_1 - h)\cot(\beta - \Delta\beta) + (H_2 - h)\cot(\gamma - \Delta\gamma) + l_1$$

式中  $h$——表土层厚度,m;

$\varphi$——松散层移动角,(°);

$l_1$——工作面沿煤层倾向长度,m;

$\gamma$——上山移动角,(°);

　　β——下山移动角,(°);

　　Δγ——上山移动角的修正值,(°);

　　Δβ——下山移动角的修正值,(°);

　　$H_1$、$H_2$——采区下山边界和上山边界的开采深度,m。

（2）平行于工作面方向观测线长度的确定

平行于工作面方向观测线的长度是在移动盆地的主断面上确定,如图 3-4 所示。

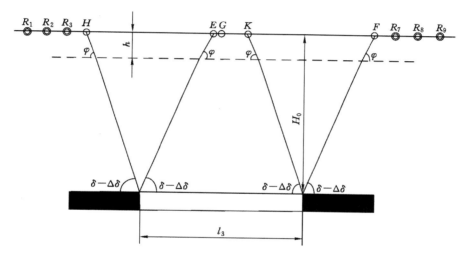

图 3-4　工作面走向观测线长度计算示意图

平行于工作面方向观测线长度 l 按下式计算：

$$l = 2h \cot \varphi + 2(H_0 - h) \cot(\delta - \Delta\delta) + l_3$$

式中　$h$——表土层厚度,m;

　　　　$\varphi$——松散层移动角,(°),按照经验取 45°;

　　　　$H_0$——平均开采深度,m;

　　　　$\delta$——走向移动角,(°);

　　　　$l_3$——工作面长度,m;

　　　　$\Delta\delta$——走向移动角的修正值,(°)。

**3.2.1.7　观测点的布置与实施**

（1）观测点的布置

为了能够及时准确地掌握丘陵地貌下开采地表沉陷特征,根据 9404 工作面井上、下对照图及当前工作面的位置,确定在距开切眼 470 m 处布置两条地面观测线,具体位置如图 3-5 所示。

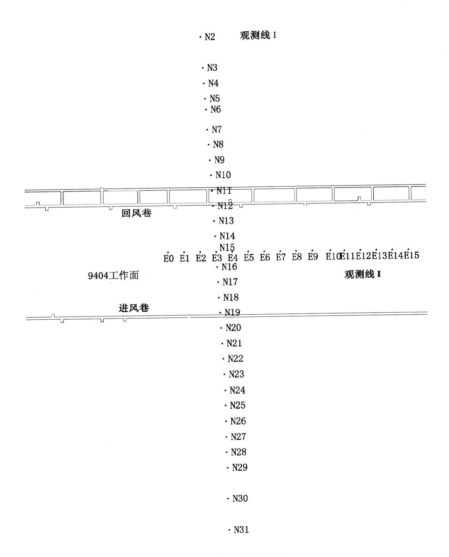

图 3-5　地面观测站平面布置图

倾向地面观测线Ⅰ全长 870 m,布设了 31 个测点,测点标号为 N1 至 N31。测线Ⅰ中测点布置原则为:基点 N1 与测点 N2 的点间距为 75 m,测点 N2 与 N3、N29 与 N30、N30 与 N31 的点间距为 50 m,其余各测点间距均为 25 m。走向地面观测线Ⅱ全长 375 m,布设了 16 个测点,测点标号为 E0 至 E15,其中 E3 测点与 N15 测点重合,测线Ⅱ中相邻测点间距均为 25 m。

考虑到开元煤矿 9404 工作面上方的地形复杂,埋设水泥预制品桩在施工、操作上存在困难,故采用木桩加钉子进行简易布置(图 3-6),要求木桩插入地表以下的深度在 0.5 m 以上。

图 3-6　地面观测站实际布置情况

(2) 全面观测

为了准确地确定工作测点在地表开始前的空间位置,在联测后、地表开始移动之前,应进行全面观测。全面观测的内容包括:测定各测点的平面位置和高程、各测点的距离、各测点偏离方向的距离,记录地表原有的破坏状况,并作出素描。

① 高程测量

依本地区矿井岩移观测经验,采用全站仪三角高程观测高程。以 5″控制点的高程为基准,发展 7″导线高程(测点),采用单程测距,垂直角 1 测回,2 次丈量仪器高与觇标高,测量精度必须满足《煤矿测量规程》,超限必须重测,最后必须附合在两个以上的控制点上,根据以往经验,每一测程应小于 300 m,最好每次定时测量。条件允许能进行水准测量的必须采用水准测量,变形观测点按四等水准要求进行。水准测量限差见表 3-2。

表 3-2  水准测量限差

| 等级 | 水准路线最大长度/km | 每千米高差中数全中误差/mm | 不符值、闭合差/mm | | |
| --- | --- | --- | --- | --- | --- |
| | | | 测段往返高差不符值 | 附合或环线闭合差 | 检测已测测段高差之差 |
| 三 | 45 | 6 | $12\sqrt{R}$ | $12\sqrt{L}$ | $20\sqrt{L}$ |
| 四 | 15 | 10 | $20\sqrt{R}$ | $20\sqrt{L}$ | $30\sqrt{L}$ |

注:$R$ 为测段长度,km;$L$ 为水准路线总长度,km。

② 平面控制测量

采用全站仪进行地表平面测量。以控制点为依据,进行地表工作点平面的测量,测量工作主要包括测定测点的两个平面坐标,然后根据所得的平面坐标进行地表平面水平位移和水平变形的计算。

③ 日常观测工作

日常观测工作是指首次和末次全面观测之间适当增加水准测量工作,为判定地表是否开始移动,在采煤工作面推进一定距离[相当于$(0.2\sim0.5)H_0$]后,在预计可能首先移动的地区,选择几个工作测点,每隔几天进行一次水准测量,如果发现测点有下沉的趋势,即说明地表已经开始移动。在移动过程中,要进行日常观测工作,即重复进行水准测量。重复水准测量的时间间隔,视地表下沉的速度而定,一般是每隔 $1\sim3$ 个月观测一次。在移动的活跃阶段,还应在下沉较大的区段,视具体情况增加水准观测次数,甚至 $10\sim20$ d 观测一次。

采动过程中的水准测量,可用单程的附合水准或水准支线的往返测量,施测按四等水准测量的精度要求进行。

地表移动全过程,按下沉速度划分成三个时期。初始期:<50 mm/月,活跃期:>50 mm/月,衰退期:<50 mm/月。

在地表移动活跃期,要进行加密水准测量,以便确定下沉的动态过程,同时,还应经常地进行巡视观察,为确定地表动态移动与变形提供依据。

### 3.2.2  9404 工作面地表沉陷实测结果与分析

9404 工作面日推进距约 2.4 m,在工作面位于倾向观测线前方 89.4 m 处开始进行首次地面沉陷观测,截止到工作面推过倾向观测线 538.0 m 至停采线为止,总共观测了 9 次,历时 281 d。观测期间地表移动变形曲线如图 3-7、图 3-8 所示,地表移动变形最大值汇总见表 3-3。

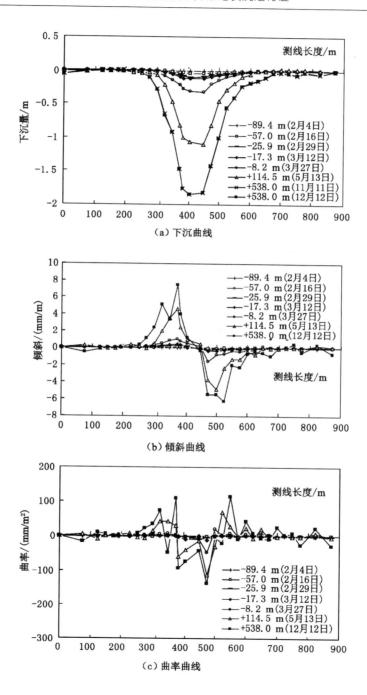

（a）下沉曲线

（b）倾斜曲线

（c）曲率曲线

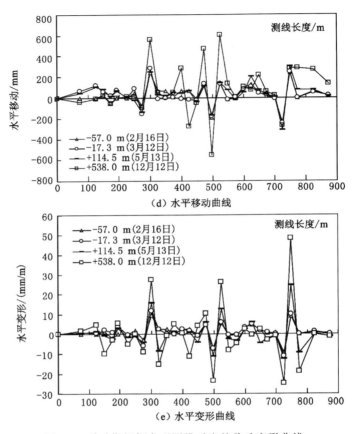

（d）水平移动曲线

（e）水平变形曲线

图 3-7　采动期间倾向观测线对应的移动变形曲线

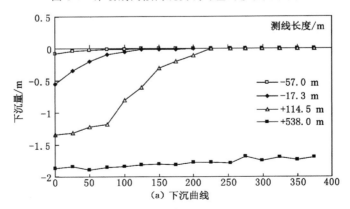

（a）下沉曲线

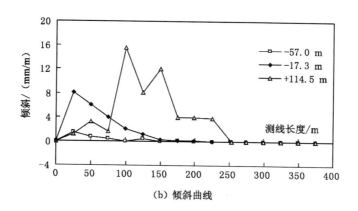

（b）倾斜曲线

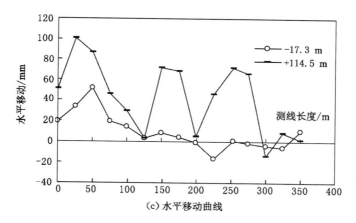

（c）水平移动曲线

图 3-8  采动期间走向观测线对应的移动变形曲线

**表 3-3  9404 工作面采后地面移动变形最大值汇总表**

| 采深 /m | 采厚 /m | 充分采 动程度 | 下沉量 /mm | 下沉 系数 | 水平位移 /mm | 水平移 动系数 | 倾斜 /(mm/m) | 曲率 /(mm/m²) | 水平变形 /(mm/m) |
|---|---|---|---|---|---|---|---|---|---|
| 350 | 4.5 | 0.51 | 1 890 | 0.42 | 608 | 0.32 | 15.6 | 137.7 | 48.3 |

由表 3-3 可知，9404 工作面平均采深为 350 m，观测区域综放工作面平均采高约 4.5 m，工作面倾斜长 180 m，采动系数仅为 0.51，显然为非充分采动。此时，9404 工作面采后地面最大下沉量为 1.890 m，对应的非充分采动下沉系数为 0.42；水平位移最大值为 0.608 m，水平移动系数为 0.32；9404 工作面采后地面的

变形值较大,倾斜最大值为 15.6 mm/m,曲率最大值为 137.7 mm/m²,水平变形最大值为 48.3 mm/m。

### 3.2.3 丘陵地貌下地表沉陷特征

根据 9404 工作面倾向观测线最后一次实测下沉曲线,从中找出下沉量为 10 mm 的位置作为该面采动影响边界,如图 3-9 所示。得出 9# 煤层非充分采动时地面边界影响范围为 103～162 m,边界角为 66°～76°,最大下沉角为 85°。

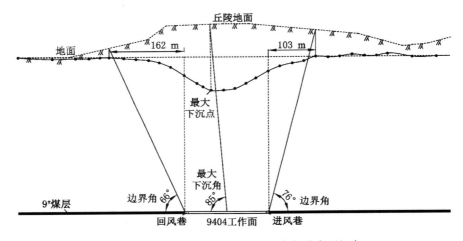

图 3-9　倾向剖面图上对应的边界角与最大下沉角

地表移动角是指在充分或接近充分采动条件下,在移动盆地的主断面上,地表最外的临界变形点和采空区边界点连线与水平线在煤壁一侧的夹角。目前,我国针对砖木结构建筑物设定的一组临界变形值[1]为:倾斜 $i=3$ mm/m、水平变形 $\varepsilon=2$ mm/m、曲率 $k=0.2$ mm/m²。根据 9404 工作面采后地面稳定时倾向观测线上的倾斜、曲率与水平变形曲线,找出对应的地表临界变形点位置,得出非充分采动条件时的移动角为 83°,如图 3-10 所示。

### 3.2.4 小结

(1) 9404 工作面地表沉陷实测结果表明,非充分采动时地面最大下沉量为 1.890 m,对应的非充分采动下沉系数为 0.42;水平位移最大值为 0.608 m,水平移动系数为 0.32;9404 工作面采后地面的变形值较大。

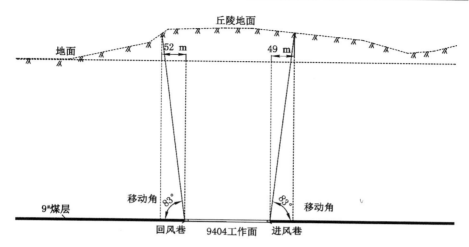

图 3-10　倾向剖面图上对应的移动角

（2）9#煤层非充分采动时对应的地面边界影响范围为 103～162 m，边界角为 66°～76°，最大下沉角为 85°，移动角为 83°。

## 3.3　丘陵地貌下开采地表沉陷特征的数值模拟研究

本部分通过数值模拟研究，以期掌握开元煤矿 9#煤层开采后充分采动时的地表沉陷特征。

### 3.3.1　建立计算模型

#### 3.3.1.1　UDEC 模拟软件简介

采用的数值模拟软件为 UDEC。该软件是一种基于非连续体模拟的离散单元二维数值计算程序。它主要模拟静载或动载条件下非连续介质（如节理块体）的力学行为特征，非连续介质是通过离散块体的组合来反映的，节理被当作块体间的边界条件来处理，允许块体沿节理面运动及回转。单个块体可以表现为刚体，也可以表现为可变形体。UDEC 提供了适合岩土的 7 种材料本构模型和 5 种节理本构模型，能够较好地适应不同岩性和不同开挖状态条件下的岩层运动的需要，是目前模拟岩层破断后移动过程较为理想的数值模拟软件。UDEC 离散元法数值计算工具主要应用于地下岩体采动过程中岩体节理、断层、沉积面等对岩体逐步破坏的影响评价。UDEC 能够分析研究直接和不连续特征相关的潜在的岩体破坏方式及煤层开挖后顶板垮落、离层的过程,可以较准确地分析工作面采后覆岩的移动和地表的沉陷。

#### 3.3.1.2　反分析法确定数值模拟计算参数

根据 9404 工作面平面布置情况(图 3-11),结合倾向观测线的位置,沿倾向观测线作出该区域的剖面,如图 3-12 所示。根据此剖面图上煤层与地面丘陵的分布状态,确定相应的计算模型。如图 3-13 所示,模型长度取 1 200 m,垂直高度 420 m,9# 煤层厚度取开采平均值 4.5 m,为水平煤层。覆岩岩性厚度参考综合柱状图(图 2-2),模型中先采出 180 m 长的 9404 工作面,然后不断调整岩性参数直至地表移动变形值与实测值基本保持一致。在此基础上,

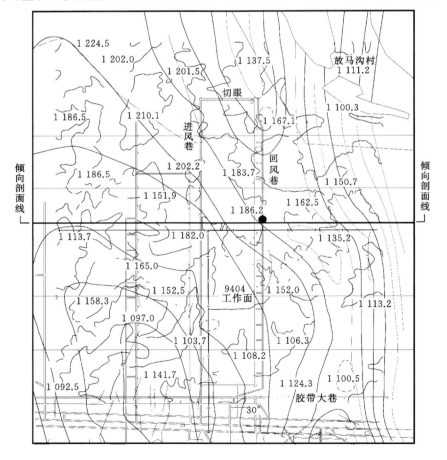

图 3-11　9404 工作面平面布置图

进一步开挖,使地面移动变形达到充分采动,最终得出充分采动时的地表沉陷特征。

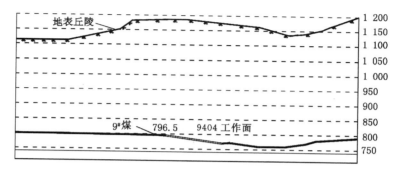

图 3-12　9404 工作面倾向剖面图

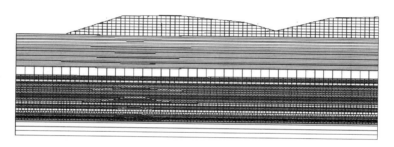

图 3-13　计算模型图

计算模型中两侧各留设足够长的边界煤柱,以消除模型尺寸大小对地表下沉的影响。模型边界条件采用位移固定边界,其中两侧边界为单向约束,底部边界为双向约束。模型仅受重力作用,采用摩尔-库仑模型。

通过不断地调试使得数值模拟得出的地表移动变形结果与 9404 工作面实测结果基本保持一致,此时模拟计算得到的地表移动变形最大值见表 3-4,地面移动变形曲线如图 3-14 所示,对应的各岩层岩性力学参数见表 3-5。

表 3-4　数值模拟 9404 工作面采后地表移动变形最大值

| 方案 | 下沉<br>/mm | 倾斜<br>/(mm/m) | 曲率<br>/(mm/m²) | 水平移动<br>/mm | 水平变形<br>/(mm/m) |
| --- | --- | --- | --- | --- | --- |
| 9404 工作面采后 | 1 912 | 20.83 | 1.50 | 604 | 14.6 |

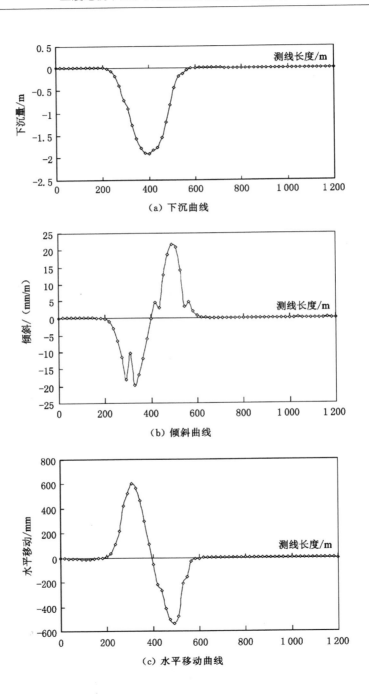

（a）下沉曲线

（b）倾斜曲线

（c）水平移动曲线

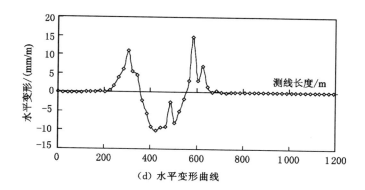

（d）水平变形曲线

图 3-14　9404 工作面非充分采动后地面移动变形曲线图

表 3-5　数值模拟计算中不同岩层的力学参数

| 岩性 | 弹性模量 /GPa | 泊松比 | 容重 /(kN/m³) | 内摩擦角 /(°) | 抗拉强度 /MPa | 黏聚力 /MPa |
|---|---|---|---|---|---|---|
| 表土层 | 0.03 | 0.15 | 20 | 10 | 0.07 | 0.11 |
| 中砂岩 | 40 | 0.24 | 26 | 33 | 5.7 | 15 |
| 细砂岩 | 44 | 0.23 | 27 | 35 | 6.8 | 15 |
| 粉砂岩 | 35 | 0.24 | 25.5 | 31 | 2.5 | 15 |
| 砂质泥岩 | 26 | 0.23 | 24 | 28 | 1.8 | 10 |
| 泥岩 | 23 | 0.23 | 23 | 25 | 1.5 | 8 |
| $9_{上}$煤 | 18 | 0.22 | 14 | 25 | 1.0 | 8 |

## 3.3.2　模拟结果及其分析

对计算模型继续开挖,直至地表达到充分采动,此时对应的地表移动变形曲线如图 3-15 所示,充分采动时的地表移动变形最大值汇总见表 3-6。

表 3-6　充分采动时对应的地表移动变形最大值

| 方案 | 采高 /m | 下沉 /mm | 倾斜 /(mm/m) | 曲率 /(mm/m²) | 水平移动 /mm | 水平变形 /(mm/m) |
|---|---|---|---|---|---|---|
| 充分采动后 | 4.5 | 3 530 | 30.68 | 1.82 | 806 | 18.4 |

由表 3-6 可知,开元煤矿丘陵地貌下 9#煤层充分采动后地面最大下沉量为 3.53 m,对应的下沉系数为 0.78;水平位移最大值为 0.806 m,水平移动系数为 0.23。数值模拟预计 9#煤层充分采动后地面倾斜最大值为 30.68 mm/m,曲率最大值为 1.82 mm/m²,水平变形最大值为 18.4 mm/m。

根据图 3-15(a)可知,该丘陵地貌条件下最大采动影响范围为 173 m,结合该位置的采深,得出充分采动时的边界角为 59°,移动角为 73°。

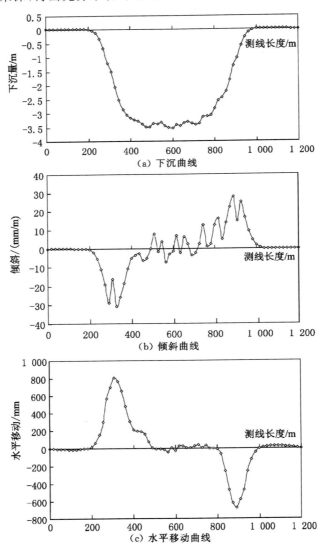

（a）下沉曲线

（b）倾斜曲线

（c）水平移动曲线

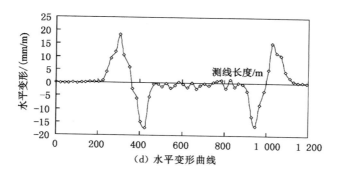

图 3-15　充分采动时对应的地表移动变形曲线

### 3.3.3　小结

（1）通过位移反分析法确定了数值模拟计算中适合开元煤矿 9# 煤层采动覆岩整体运动特点的岩性参数。

（2）数值模拟结果表明，开元煤矿 9# 煤层充分采动后地表下沉系数为 0.78，水平移动系数为 0.23。采动最大影响范围为 173 m，充分采动时的边界角为 59°，移动角为 73°。

# 3.4　丘陵地貌下开采地表沉陷规律的物理模拟研究

本部分通过实验室相似材料模拟研究掌握开元煤矿 9404 工作面 9# 煤层开采后充分采动时的地表沉陷规律。

### 3.4.1　物理模型的建立

#### 3.4.1.1　相似材料模拟理论

相似材料模拟实验是根据相似理论，使用与天然岩石物理力学性质相似的人工材料，按矿山实际原型，以一定的比例缩小而成模型，然后在模型中按相似比进行采掘工作，观测模型的变化、位移、破坏和应力等，从而分析推测现场实际情况。模拟实验所得结果的可靠性取决于模型与原型之间的相似程度。相似模拟实验所依据的相似理论的基础是相似三定理。

相似第一定理：过程相似，则相似准数不变，相似指标为 1。

相似第二定理：描述相似现象的物理方程均可变成相似准数组成的综合方程，现象相同，其综合方程必须相同。

相似第三定理：在几何相似系统中，具有相同文字的关系方程式，单值条件相似，且由单值条件组成的相似准数相等，则此两现象是相似的。

相似第三定理直接同代表具体现象的单值条件相联系，并强调了单值量相似，显示出它科学上的严密性，照顾到单值变化的特征，又不会漏掉重要的物理量。

根据相似第一定理，便可在模型实验中将模型系统中得到的相似准则推广到原型系统中；由相似第二定理，则可将模型中所得的实验结果用于与之相似的实物上；相似第三定理指出了做模型实验所必须遵守的法则。

### 3.4.1.2　物理模型设计

实验以开元煤矿 $9^{\#}$ 煤层赋存条件为原型。模拟时按照实际的岩层厚度取值，并进行适当的简化，具体见表 3-7。$9^{\#}$ 煤层平均厚度为 4.5 m，按水平煤层铺设，考虑到实验模型的可操作性和可靠性，拟采用 2.5 m×0.2 m×2.0 m 的平面模型。

表 3-7　相似材料模拟实验中各岩层赋存情况

| 层号 | 岩性 | 埋深/m | 各分层厚度/m | 模型厚度/mm |
|------|------|--------|--------------|-------------|
| 1 | 黏土 | 34 | 34 | 170.0 |
| 2 | 砂质泥岩 | 108 | 74 | 370.0 |
| 3 | 中粗砂岩 | 138 | 30 | 150.0 |
| 4 | 泥岩 | 152 | 14 | 70.0 |
| 5 | 粉砂岩 | 159 | 7 | 35.0 |
| 6 | 泥岩 | 189 | 30 | 150.0 |
| 7 | 砂岩泥岩互层 | 249 | 60 | 300.0 |
| 8 | $3^{\#}$ 煤层 | 250.5 | 1.5 | 7.5 |
| 9 | 砂质泥岩 | 252 | 1.5 | 7.5 |
| 10 | $4^{\#}$ 煤层 | 252.5 | 0.5 | 2.5 |
| 11 | 粗粒砂岩 | 261 | 8.5 | 42.5 |
| 12 | 砂质泥岩 | 266 | 5 | 25.0 |
| 13 | 细粒砂岩 | 269 | 3 | 15.0 |
| 14 | 粗粒砂岩 | 278 | 9 | 45.0 |
| 15 | 中粒砂岩 | 279.5 | 1.5 | 7.5 |
| 16 | 细粒砂岩 | 280 | 0.5 | 2.5 |

表 3-7(续)

| 层号 | 岩性 | 埋深/m | 各分层厚度/m | 模型厚度/mm |
|------|------|--------|--------------|-------------|
| 17 | 碳质泥岩 | 280.5 | 0.5 | 2.5 |
| 18 | 6#煤层 | 281.5 | 1 | 5.0 |
| 19 | 细粒砂岩 | 284.5 | 3 | 15.0 |
| 20 | 中粒砂岩 | 291 | 6.5 | 32.5 |
| 21 | 砂质泥岩 | 296 | 5 | 25.0 |
| 22 | 8#煤层 | 297 | 1 | 5.0 |
| 23 | 泥岩 | 300 | 3 | 15.0 |
| 24 | 砂质泥岩 | 303 | 3 | 15.0 |
| 25 | 9#煤层 | 307.5 | 4.5 | 22.5 |
| 26 | 砂质泥岩互层 | 317.5 | 10 | 50.0 |

### 3.4.1.3　相似材料模拟系数

根据本次相似模拟原型,考虑到实验模型的可操作性和可靠性,根据相似准则,取相似模拟系数如下。

（1）几何相似比

设原型中各岩层的几何尺寸为 $L_p$,模型中相应岩层的几何尺寸为 $L_m$,取几何相似比为:

$$C_L = L_m / L_p = 1 : 200$$

（2）时间相似比

随着开采工作面的推进,开采涉及的范围与边界条件不断变化,模型属于动态模型,因此还必须满足时间相似的要求,取时间比系数为:

$$C_I = \sqrt{C_L} = 1/14.14 \approx 1/12$$

（3）泊松比相似比

设原型中各岩层的泊松比为 $\mu_p$,模型中相应岩层的泊松比为 $\mu_m$,取泊松比系数为:

$$C_\mu = \mu_m / \mu_p = 1$$

（4）密度相似比

设原型中各岩层的密度为 $\rho_p$,模型中相应岩层的密度为 $\rho_m$,取密度比系数为:

$$C_\rho = \rho_m / \rho_p = 1 : 1.25$$

（5）刚度相似比

设原型中各岩层的刚度为 $E_p$，模型中相应岩层的刚度为 $E_m$，取刚度比系数为：

$$C_E = E_m / E_p = C_L \times C_\rho = 1 : 250$$

（6）应力相似比

设原型中各岩层的应力为 $\sigma_p$，模型中相应岩层的应力为 $\sigma_m$，取应力比系数为：

$$C_\sigma = \sigma_m / \sigma_p = C_L \times C_\rho = 1 : 250$$

3.4.1.4　相似材料配比

根据现场已有的资料，确定物理模拟实验中各层力学参数，见表3-8。

表 3-8　相似材料物理模拟实验中各层力学参数

| 岩性 | 容重/(kN/m³) | 弹性模量/GPa | 泊松比 | 抗压强度/MPa |
|---|---|---|---|---|
| 泥岩、黏土 | 2 000 | 15 | 0.12 | 15 |
| 砂质泥岩 | 2 200 | 35 | 0.18 | 28 |
| 粗砂岩 | 2 700 | 55 | 0.25 | 48 |
| 细砂岩 | 2 700 | 60 | 0.23 | 53 |
| 中砂岩 | 2 600 | 55 | 0.25 | 48 |
| 煤层 | 1 300 | 20 | 0.2 | 12 |

### 3.4.2　物理模拟结果与分析

模型中 9# 煤层开采厚度为 2.25 cm，相当于实际开采高度 4.5 m，20 min 开采一次，每次开挖 1.5 cm。模型开采总长度 1.9 m，相当于实际开采长度 380 m，模型两边各留 60 m 的边界煤柱。模型开采过程中，对地表沉陷进行宏观观察及实地照相，采用位移传感器测试地表沉陷。

在地表布置一条观测线，如图 3-16 所示。观测线上均匀布置 25 个测点，每条观测线上相邻两个测点水平间距 10 cm；位移传感器则固定在模型的后侧铁板上。

模型开挖过程如图 3-17～图 3-21 所示。采动过程中地表沉陷曲线如图 3-22 所示。

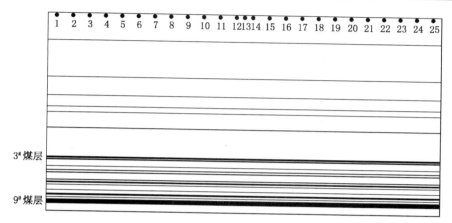

图 3-16　位移观测测点布置

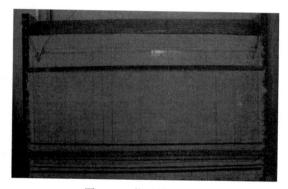

图 3-17　物理模拟模型

图 3-18　9# 煤层开挖 180 m

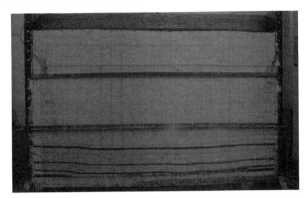

图 3-19　9<sup>#</sup>煤层开挖 380 m

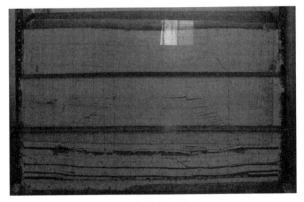

图 3-20　3<sup>#</sup>煤层开挖 380 m

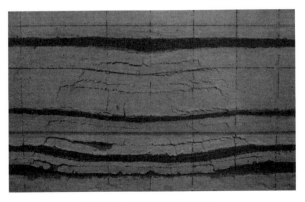

图 3-21　9<sup>#</sup>煤层开挖 120 m

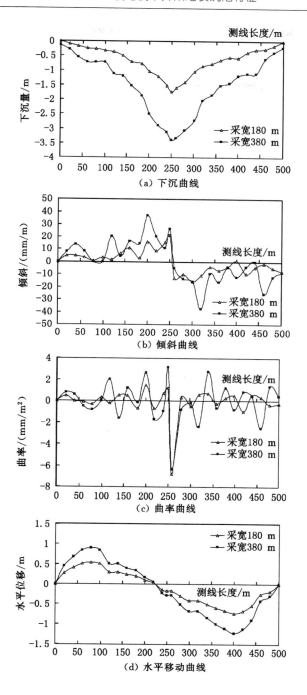

（a）下沉曲线

（b）倾斜曲线

（c）曲率曲线

（d）水平移动曲线

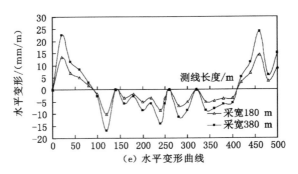

（e）水平变形曲线

图 3-22  9#煤层采后地表沉陷曲线图

由图 3-22 得出表 3-9 所列的地表移动变形最大值，从中可知，开元煤矿丘陵地貌下 9#煤层充分采动后地面最大下沉量为 3.384 m，对应的下沉系数为 0.75；水平位移最大值为 1.127 m，水平移动系数为 0.33。物理模拟预计 9#煤层充分采动后地面倾斜最大值为 37.34 mm/m，曲率最大值为 6.36 mm/m²，水平变形最大值为 24.0 mm/m。

表 3-9    物理模拟 9#煤层采后地表沉陷最大值

| 煤层 | 下沉量/m | 下沉系数 | 水平位移/m | 水平移动系数 | 倾斜/(mm/m) | 曲率/(mm/m²) | 水平变形/(mm/m) |
|---|---|---|---|---|---|---|---|
| 9# | 3.384 | 0.75 | 1.127 | 0.33 | 37.34 | 6.36 | 24.00 |

通常，开元煤矿先开采 9#煤层，以便于瓦斯抽放，之后再采 3#煤层。同理，在物理模拟中，在 9#煤层采完的基础上，继续开采 3#煤层，得出如图 3-23 所示的地表沉陷曲线。

由表 3-10 可知，在 9#煤层采出的基础上，再采 3#煤层，重复采动以后对应的地表下沉量增大至 5.564 m，下沉系数为 0.85；水平位移最大值为 1.715 m，重复采动后对应的水平移动系数为 0.31。

表 3-10    物理模拟 9#、3#煤层采后地表沉陷最大值

| 煤层 | 下沉量/m | 下沉系数 | 水平位移/m | 水平移动系数 | 倾斜/(mm/m) | 曲率/(mm/m²) | 水平变形/(mm/m) |
|---|---|---|---|---|---|---|---|
| 先采 9#煤层再采 3#煤层 | 5.564 | 0.85 | 1.715 | 0.31 | 75.74 | 12.40 | 63.77 |

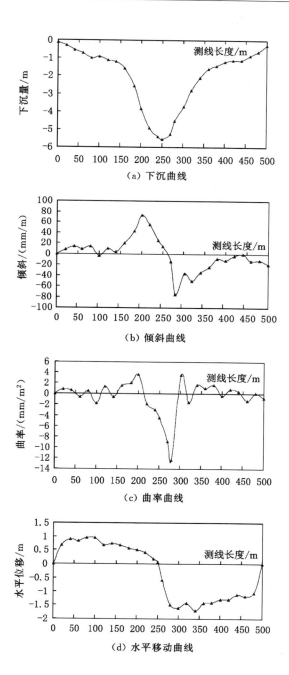

（a）下沉曲线

（b）倾斜曲线

（c）曲率曲线

（d）水平移动曲线

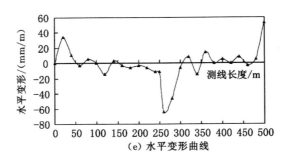

(e) 水平变形曲线

图 3-23　9#煤层与 3#煤层充分采动后地表沉陷曲线

### 3.4.3　小结

（1）物理模拟结果表明，开元煤矿 9#煤层充分采动后地表下沉系数为 0.75，水平移动系数为 0.33。

（2）重复采动后，地表下沉系数为 0.85，水平移动系数为 0.31。

# 第 4 章　动态地表移动和变形预计

## 4.1　动态地表移动和变形预计方法分析

### 4.1.1　时序模型预计方法

时间序列是一随机过程,在时序分析法中,讨论比较多的是平稳随机过程和可以平稳化的非平稳随机过程。对于平稳时间序列,常用的模型有自回归模型 AR($n$)、滑动平均模型 MA($m$)、自回归滑动平均模型 ARMA($n$,$m$),这些模型都要求时间序列来源于均值不变的平稳过程。除此之外,还有趋势性模型、季节性模型、叠合模型及门限模型等。时序建模一般按下列步骤进行:观测数据的获取与检验→模型结构初选→参数选取→适用性检验及预测预报。时序建模的流程框图如图 4-1 所示。

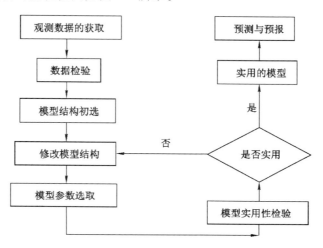

图 4-1　时序建模的流程框图

从图 4-1 中可见,动态观测数据的获取是时序分析法建模的基础。众所周知,岩层与地表移动动态观测数据的获取手段主要有现场实测和模拟两种途径。模拟,可以是计算机数值模拟或相似材料模拟,但模拟结果往往受到所选用的本构方程和力学参数误差的影响,与实际偏差较大,只能用于定性分析,还难以达到定量水平。尽管多数矿区都进行了地表移动与变形观测,但观测结果大多不能满足时序分析所要求的等时间间隔。因此,时序分析方法在实际工程中的应用还有待进一步完善。

### 4.1.2 基于坐标-时间函数的动态预计方法

#### 4.1.2.1 下沉坐标时间函数

假设煤层走向半无限开采,倾向达到充分采动,其采厚为 $m$,采深为 $H_0$。首先建立地表坐标系统及煤层坐标系统,如图 4-2 所示,选择工作面边界正上方地表点 $O$ 作为原点,$X$ 轴沿地表指向采空区;纵轴 $W(X)$ 为 $X$ 处地表点下沉值,$W(X)$ 轴铅直向下。煤层坐标系统的原点在煤壁的顶板点 $O_1$,横坐标 $S$ 沿煤层顶板指向采空区,纵坐标 $Z$ 铅直向上。

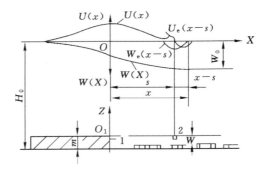

1—煤壁;2—开采单元。

图 4-2 半无限开采时下沉和水平移动

地下单元开采时,地表单元下沉盆地的表达式为:

$$W(X) = \frac{1}{r}e^{-\pi\frac{x^2}{r^2}} \tag{4-1}$$

式中 $r$——主要影响半径,m。

若工作面回采速度为 $v$,某一时刻 $t$ 的工作面推进距离为 $s = vt$,地面任意点 $A$ 的横坐标为 $x$。在式(4-1)中求单元开采引起的下沉值,应以 $(x-s)$ 值代替 $x$ 值,即单元开采引起的下沉值为 $W_e(x-s)$。则 $t$ 时刻开采工作面

推进至 $s$ 时，单元厚度引起的 $A$ 点下沉 $W_u(x)$ 为：

$$W_u(x) = \int_0^{+\infty} W_e(x-s) ds \qquad (4-2)$$

考虑到某点出现最大下沉速度之时刻与该点下沉-时间曲线的拐点之时刻相对应；最大下沉速度总是滞后于采煤工作面一个距离——最大速度滞后距 $L = H_0 \cot \varphi$（$\varphi$ 为最大速度滞后角）。则定义最大速度滞后时间为：

$$t_0 = \frac{L}{v} = \frac{H_0 \cot \varphi}{v}$$

$W_e(x-s)$ 按式(4-1)，并设 $s = v(t-t_0)$，得：

$$W_u(x,t) = \int_{t_0}^t \frac{v}{t} e^{-\left[\frac{v(t-t_0)-x}{r^2}\right]^2} dt \qquad (4-3)$$

若开采厚度为 $m$，下沉系数为 $q$，煤层倾角为 $\alpha$，则 $W_0 = mq\cos\alpha$，则有：

$$W(x,t) = W_0 \int_{t_0}^t \frac{v}{t} e^{-\left[\frac{v(t-t_0)-x}{r^2}\right]^2} dt \qquad (4-4)$$

应用概率积分函数 erf，上式可写成为：

当 $t \in \left[t_0, \dfrac{x}{v}+t_0\right]$ 时，

$$W(x,t) = \frac{W_0}{2}\left[\mathrm{erf}(\sqrt{\pi}\,\frac{x}{r}) - \mathrm{erf}(\sqrt{\pi}\,\frac{x-v(t-t_0)}{r})\right] \qquad (4-5)$$

当 $t \in \left[\dfrac{x}{v}+t_0, +\infty\right]$ 时，

$$W(x,t) = \frac{W_0}{2}\left[\mathrm{erf}(\sqrt{\pi}\,\frac{x}{r}) + \mathrm{erf}(\sqrt{\pi}\,\frac{v(t-t_0)-x}{r})\right] \qquad (4-6)$$

式中：

$$\mathrm{erf}(\sqrt{\pi}\,\frac{x}{r}) = \frac{2}{\sqrt{\pi}} \int_0^{\frac{\sqrt{\pi}}{r}x} e^{-u^2} du$$

$$\mathrm{erf}(\sqrt{\pi}\,\frac{v(t-t_0)-x}{r}) = \frac{2}{\sqrt{\pi}} \int_{t_0}^{\frac{\sqrt{\pi}}{r}[v(t-t_0)-x]} e^{-\lambda^2} d\lambda$$

$$\mathrm{erf}(\sqrt{\pi}\,\frac{v(t-t_0)-x}{r}) = \frac{2}{\sqrt{\pi}} \int_0^{\frac{\sqrt{\pi}}{r}[v(t-t_0)-x]} e^{-u^2} du$$

令

$$\varphi(x,t) = \frac{1}{2}\left[\mathrm{erf}(\sqrt{\pi}\,\frac{x}{r}) - \mathrm{erf}(\sqrt{\pi}\,\frac{x-v(t-t_0)}{r})\right], \quad t \in \left[t_0, \frac{x}{v}+t_0\right]$$

$$(4-7)$$

$$\varphi(x,t) = \frac{1}{2}\left[\operatorname{erf}(\sqrt{\pi}\,\frac{x}{r}) - \operatorname{erf}(\sqrt{\pi}\,\frac{v(t-t_0)-x}{r})\right], \quad t \in \left[\frac{x}{v}+t_0, +\infty\right]$$

$$(4\text{-}8)$$

则式(4-5)可化为:

$$W(x,t) = W_0\varphi(x,t) \qquad (4\text{-}9)$$

这里将 $\varphi(x,t)$ 称为动态时间函数。

#### 4.1.2.2 启动时间的确定[43]

地面点的启动时间 $t'$ 与其距坐标原点的距离 $x$ 有关,按 $x$ 不同,$t'$ 有三种表达式。由此,按时间顺序可将 $W(x,t)$ 依 $t'$ 分三个阶段表达,具体阐述如下:

① 若 $x \leqslant nH_0$,$nH_0$ 为启动距。在此之前,工作面前方的地表并未受采动影响,因此当 $x \leqslant nH_0$ 时,启动时间按 $x = nH_0$ 计算,则有:

$$t' = \frac{nH_0}{v} \quad (n = \frac{1}{7} \sim \frac{1}{2}) \qquad (4\text{-}10)$$

式中   $v$——工作面回采速度。

② 若 $nH_0 < x < 1.3r$,设动态的超前影响角为 $\omega'$。当地表为非充分采动时,$\omega$ 值随着开采面积的增大而减小。通常情况下,静态的超前影响角(即充分采动后的超前影响角)$\omega < 90°$,动态的超前影响角 $\omega'$ 是由 $90°$ 逐渐减小为静态超前影响角 $\omega$ 的。因此,采用插值法可求得动态超前影响角 $\omega'$,即:

$$\frac{90° - \omega'}{\omega - \omega'} = \frac{nH_0 - x}{1.3r - x}$$

解得:

$$\omega' = \frac{117r - \omega nH_0 + (\omega - 90°)x}{1.3r - nH_0} \qquad (4\text{-}11)$$

令 $p = \dfrac{117r - \omega nH_0}{1.3r - nH_0}, q = \dfrac{\omega - 90°}{1.3r - nH_0}$,则 $\omega' = p + qx$,则有:

$$l' = \frac{s}{v} = \frac{x - H_0/\tan\omega'}{v} \qquad (4\text{-}12)$$

用泰勒级数展开:

$$\cot x = \frac{1}{x} - \frac{x}{3} - \frac{x^3}{45} - \cdots$$

取多项式的前两项,上式可写为:

$$l' = \frac{x - H_0/(p+qx) + H_0(p+qx)/3}{v} \qquad (4\text{-}13)$$

③ 若 $x \geqslant 1.3r$，地表达到充分采动，此时 $\omega$ 基本趋于定值，则有：

$$l' = \frac{x - H_0/\tan \omega}{v} \tag{4-14}$$

### 4.1.2.3　实用性分析

$$W(x,t) = \begin{cases} \dfrac{W(x)}{2}\left[\mathrm{erf}(\sqrt{\pi}) + \mathrm{erf}\left(\sqrt{\pi}\,\dfrac{vt - nH_0 - r}{r}\right)\right] & (x \leqslant nH_0) \\[3mm] \dfrac{W(x)}{2}\left\{\mathrm{erf}(\sqrt{\pi}) + \mathrm{erf}\left[\sqrt{\pi}\,\dfrac{vt - r - x + [H_0/(p+qx)] - [H_0(p+qx)/3]}{r}\right]\right\} & (nH_0 < x < 1.3r) \\[3mm] \dfrac{W_0}{2}\left[\mathrm{erf}(\sqrt{\pi}\,\dfrac{x}{r}) + \mathrm{erf}\left(\sqrt{\pi}\,\dfrac{vt + H_0/\tan \omega - 2x}{r}\right)\right] & (x \geqslant 1.3r) \end{cases}$$

$$\tag{4-15}$$

式（4-15）动态时间函数模型的时间 $t$ 变化区间为 $(0, +\infty)$，在初始时刻 $t \leqslant t'$ 时，地表下沉量为 0；当 $t \to +\infty$ 时，$W(x,t) \to +W_0$。

根据开采引起地表移动的物理过程，动态时间函数模型的一阶导数代表了地表下沉速度，二阶导数代表了下沉加速度[44]。将式（4-15）对时间 $t$ 取一阶导数，可求得下沉速度为：

$$v(x,t) = \begin{cases} \dfrac{W(x)v}{r}\mathrm{e}^{-\pi\frac{(vt - nH_0 - r)^2}{r^2}} & (x \leqslant nH_0) \\[3mm] \dfrac{W(x)v}{r}\mathrm{e}^{-\pi\frac{[vt - r - x + H_0/(p+qx) - H_0(p+qx)/3]^2}{r^2}} & (nH_0 < x < 1.3r) \\[3mm] \dfrac{W_0 v}{r}\mathrm{e}^{-\pi\frac{(vt + H_0/\tan \omega - 2x)^2}{r^2}} & (x \geqslant 1.3r) \end{cases}$$

$$\tag{4-16}$$

由式（4-16）可知，$t \in (0, +\infty)$，$v(x,t)$ 恒大于 0。因此，随着时间 $t$ 的增长，$W(x,t)$ 也就不断地增长。

式（4-15）对时间 $t$ 取二阶导数，可求得下沉加速度为：

$$a(x,t) = \begin{cases} -\dfrac{2\pi W(x)v^2(vt - nH_0 - r)}{r^3}\mathrm{e}^{-\pi\frac{(vt - nH_0 - r)^2}{r^2}} & (x \leqslant nH_0) \\[3mm] -\dfrac{2\pi W(x)v^2[vt - r - x + H_0/(p+qx) - H_0(p+qx)/3]}{r^3} \times \mathrm{e}^{-\pi\frac{[vt - r - x + H_0/(p+qx) - H_0(p+qx)/3]^2}{r^2}} & \\[3mm] & (nH_0 < x < 1.3r) \\[3mm] -\dfrac{2\pi W_0 v^2(t + H_0/\tan \omega - 2x)}{r^3}\mathrm{e}^{-\pi\frac{(vt + H_0/\tan \omega - 2x)^2}{r^2}} & (x \geqslant 1.3r) \end{cases}$$

$$\tag{4-17}$$

通过以上分析可知,地表沉陷的动态过程是一个有限增长的过程,其下沉量与时间的关系曲线在形态上大致呈现 S 形。

#### 4.1.2.4 其他移动变形坐标-时间函数

(1) 当 $x \leqslant nH_0$ 时

$$i(x,t) = \frac{dW(x,t)}{dx} = \frac{W_0}{r}\left[ e^{-\pi\frac{x^2}{r^2}} - e^{-\pi\frac{(vt-nH_0-x)^2}{r^2}} \right] \tag{4-18}$$

$$K(x,t) = \frac{di(x,t)}{dx} = \frac{-2\pi W_0}{r^3}\left[ (vt-nH_0-x)e^{-\pi\frac{(vt-nH_0-x)^2}{r^2}} + xe^{-\pi\frac{x^2}{r^2}} \right] \tag{4-19}$$

$$U(x,r) = bri(x,t) = W_0 b\left[ e^{-\pi\frac{x^2}{r^2}} - e^{-\pi\frac{(vt-nH_0-x)^2}{r^2}} \right] \tag{4-20}$$

$$\varepsilon(x,t) = brK(x,t) = \frac{-2\pi b W_0}{r^2}\left[ (vt-nH_0-x)e^{-\pi\frac{(vt-nH_0-x)^2}{r^2}} + xe^{-\pi\frac{x^2}{r^2}} \right] \tag{4-21}$$

(2) 当 $nH_0 < x < 1.3r$ 时

$$i(x,t) = \frac{dW(x,t)}{dx} = \frac{W_0}{r}\left[ e^{-\pi\frac{x^2}{r^2}} - e^{-\pi\frac{\left[vt-2x+H_0/(p+qx)-H_0(p+qx)/3\right]^2}{r^2}} \right] \tag{4-22}$$

$$
\begin{aligned}
K(x,t) &= \frac{di(x,t)}{dx} \\
&= \frac{-2\pi W_0}{r^3}\Big\{ xe^{-\pi\frac{x^2}{r^2}} - (2x-vt-H_0/(p+qx)+H_0(p+qx)/3)\cdot \\
&\quad \left[ 2+bH_0/3+bH_0/(p+qx)^2 \right] e^{-\pi\frac{\left[vt-2x+H_0/(p+qx)-H_0(p+qx)/3\right]^2}{r^2}} \Big\}
\end{aligned} \tag{4-23}
$$

$$u(x,t) = bri(x,t) = W_0 b\left[ e^{-\pi\frac{x^2}{r^2}} - e^{-\pi\frac{\left[vt-2x+H_0/(p+qx)-H_0(p+qx)/3\right]^2}{r^2}} \right] \tag{4-24}$$

$$
\begin{aligned}
\varepsilon(x,t) &= brK(x,t) \\
&= \frac{-2\pi b W_0}{r^2}\Big\{ xe^{-\pi\frac{x^2}{r^2}} - (2x-vt-H_0/(p+qx)+H_0(p+qx)/3)\cdot \\
&\quad \left[ 2+bH_0/3+bH_0/(p+qx)^2 \right] e^{-\pi\frac{\left[vt-2x+H_0/(p+qx)-H_0(p+qx)/3\right]^2}{r^2}} \Big\}
\end{aligned} \tag{4-25}
$$

(3) 当 $x \geqslant 1.3r$ 时

$$i(x,t) = \frac{dW(x,t)}{dx} = \frac{W_0}{r}\left[ e^{-\pi\frac{x^2}{r^2}} - e^{-\pi\frac{\left(vt+H_0/\tan\omega-2x\right)^2}{r^2}} \right] \tag{4-26}$$

$$
\begin{aligned}
K(x,t) &= \frac{di(x,t)}{dx} \\
&= \frac{-2\pi W_0}{r^3}\left[ 2(vt+H_0/\tan\omega-2x)e^{-\pi\frac{\left(vt+H_0/\tan\omega-2x\right)^2}{r^2}} + xe^{-\pi\frac{x^2}{r^2}} \right]
\end{aligned} \tag{4-27}
$$

$$u(x,t) = bri(x,t) = W_0 b \left[ \mathrm{e}^{-\pi \frac{x^2}{r^2}} - \mathrm{e}^{-\pi \frac{\left( vt + H_0 / \tan \omega - 2x \right)^2}{r^2}} \right] \qquad (4\text{-}28)$$

$$\varepsilon(x,t) = brK(x,t)$$
$$= \frac{-2\pi b W_0}{r^2} \left[ 2(vt + H_0/\tan\omega - 2x) \, \mathrm{e}^{-\pi \frac{\left( vt + H_0 / \tan \omega - 2x \right)^2}{r^2}} + x \, \mathrm{e}^{-\pi \frac{x^2}{r^2}} \right] \quad (4\text{-}29)$$

### 4.1.3　地表动态移动与变形预计的双曲函数模型

#### 4.1.3.1　工作面推进过程中走向主断面内地表点移动变形计算

首先,建立如图 4-3 所示的动态坐标系。

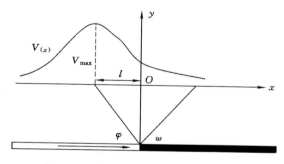

图 4-3　地表下沉速度与工作面的关系图

工作面推进过程中走向主断面内地表任意点下沉速度计算公式为:

$$V_{(x)} = \frac{V_{\max}}{1 + \left( \dfrac{x + l}{a} \right)^2}$$

式中　$V_{\max}$——地表最大下沉速度,mm/d;

　　　$l$——地表最大下沉速度滞后距,m;

　　　$a$——形态系数。

下沉速度对时间积分,即得两次观测之下沉差为:

$$\Delta W_{(x)} = \int_{t1}^{t2} \frac{V_{\max}}{1 + \left( \dfrac{x + l}{a} \right)^2} \mathrm{d}t$$

坐标原点选在推进的工作面上,根据工作面推进速度,对时间的积分可以化为对工作面距地表点的距离 $x$ 的积分。工作面推过该点前 $x$ 为正,推过该点后 $x$ 为负。因而两次观测下沉差为:

$$\Delta W_{(x)} = V_{\max} \int_{x1}^{x2} \frac{1}{1+\left(\dfrac{x+l}{a}\right)^2} \mathrm{d}(-\frac{x}{v})$$

则有：

$$\Delta W_{(x)} = -\frac{aV_{\max}}{v}\Big[\arctan\frac{x_2+l}{a} - \arctan\frac{x_1+l}{a}\Big] \qquad (4\text{-}30)$$

上式表示当工作面位于 $x_2$ 和 $x_1$ 两位置时，地表某点 $p$ 的下沉差。

设走向主断面上地表某点 $p$ 开始移动时，距推进着的工作面距离为 $x_1$，移动稳定后，距工作面的距离为 $x_2$。若地表达到充分采动，则式(4-30)所求的值即为 $p$ 点之最大下沉值。

在走向主断面上，如果某点 $p$ 开始移动时，距工作面的距离为超前影响距 $l_1$，而 $x$ 为工作面在任意位置时距点 $p$ 的距离，则有下式：

$$W_{(x)} = \frac{aV_{\max}}{v}\Big[\arctan\frac{l_1+l}{a} - \arctan\frac{x+l}{a}\Big] \qquad (4\text{-}31)$$

式中　$v$——工作面推进速度，m/d；

　　　$l_1$——超前影响距，m；

　　　其他符号意义同前。

上式表示工作面推进过程中走向主断面内任意点任意时刻的下沉。

一般情况下，地表最大下沉值 $W_{\max}$ 的预计较精确，使用方便。因此，如果公式中的最大下沉速度 $V_{\max}$ 能用 $W_{\max}$ 代替，则实际应用时较为方便。

实测资料表明，工作面推进过程中地表下沉速度分布曲线可以近似地看成对称分布。以最大下沉速度点为对称中心，其影响范围如图 4-4 所示。

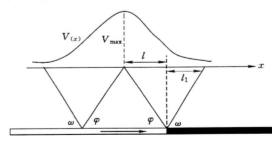

图 4-4　走向主断面下沉速度曲线与工作面相对位置关系

当 $x_1 = l_1$，$x_2 = -(l_1+2l)$ 时，有：

$$W_{(x)} = \frac{aV_{\max}}{v}\Big[\arctan\frac{l_1+l}{a} + \arctan\frac{l_1+l}{a}\Big] = W_{\max}^0$$

所以：

$$\frac{aV_{\max}}{v} = \frac{W^0_{\max}}{2\mathrm{arctan}\dfrac{l+l_1}{a}}$$

则有：

$$W_{(x)} = \frac{W^0_{\max}}{2\mathrm{arctan}\dfrac{l+l_1}{a}}\left[\mathrm{arctan}\frac{l_1+l}{a} - \mathrm{arctan}\frac{x+l}{a}\right] \quad (4\text{-}32)$$

式中，$W^0_{\max}$ 为动态地表移动盆地最大下沉值，mm。

$W^0_{\max}$ 值为不包括地表移动衰退阶段的下沉量，但它与地表总下沉量相差很小。

峰峰矿区实测资料表明，移动开始阶段的下沉量占总下沉量的 1.3%，活跃阶段的下沉量占总下沉量的 95.5%，而衰退阶段的下沉量占总下沉量的 3.2%。因此，采动过程中点的下沉量主要是开始阶段和活跃阶段下沉量之和。故有：

$$W^0_{\max} = 0.97W_{\max} \quad (4\text{-}33)$$

令

$$W = \frac{W^0_{\max}}{2\mathrm{arctan}\dfrac{l+l_1}{a}} \quad (4\text{-}34)$$

则式(4-32)可写成下式：

$$W_{(x)} = W\left[\mathrm{arctan}\frac{l_1+l}{a} - \mathrm{arctan}\frac{x+l}{a}\right] \quad (4\text{-}35)$$

式(4-35)即为走向主断面内工作面推进过程中地表任意点的下沉计算公式。

对式(4-35)求导数，即得工作面推进过程中走向主断面上的倾斜变形分布为：

$$i_{(x)} = -\frac{W}{a} \times \frac{1}{1+\left(\dfrac{x+l}{a}\right)^2} \quad (4\text{-}36)$$

同理，可求得工作面推进过程中走向主断面上的曲率变形分布为：

$$k_{(x)} = \frac{2W}{a^3} \times \frac{x+l}{\left[1+(\dfrac{x+l}{a})^2\right]^2} \quad (4\text{-}37)$$

当 $x=-l$ 时，由式(4-36)可得地表点的最大倾斜值为：

$$i_{\max} = -\frac{W}{a}$$

由上面下沉速度计算公式可知，当 $x=-l$ 时，地表点的下沉速度为最大值

$V_{\max}$。它说明工作面推进过程中,走向主断面最大倾斜点至工作面的距离与最大下沉速度点至工作面的距离相等,工作面推进过程中最大下沉速度点与最大倾斜点相重合,最大下沉速度点与拐点相重合。由此可知,实测的最大下沉速度点滞后距即动态拐点偏移距。

**4.1.3.2 工作面推进过程中地表任意点移动变形的计算**

工作面推进过程中地表任意点下沉速度计算公式为:

$$V_{(x,y)} = \frac{V_{\max}}{1+\left(\dfrac{y}{b}\right)^2} \times \frac{1}{1+\left(\dfrac{x+l}{a}\right)^2} \tag{4-38}$$

式中 $a$——走向方向曲线形态系数;

$b$——倾向方向曲线形态系数。

取坐标系如图 4-5 所示。走向主断面为 $x$ 坐标轴,工作面位置为 $y$ 坐标轴,$y$ 坐标轴随工作面的推进而不断变化。

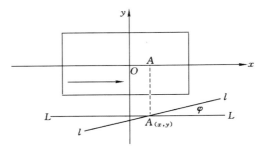

图 4-5 坐标示意图

在式(4-38)中,对某一点 $A$,其坐标 $y$ 值不随工作面的推进而变化,只有坐标 $x$ 值随工作面的推进而变化。时间因素可表现在坐标 $x$ 中,因而对时间的积分可变为对 $x$ 的积分。在时间 $t_1$ 和 $t_2$ 一段时间内点的下沉值为:

$$\Delta W(x,y) = \int_{t_1}^{t_2} \frac{V_{\max}}{1+\left(\dfrac{y}{b}\right)^2} \times \frac{1}{1+\left(\dfrac{x+l}{a}\right)^2} \mathrm{d}t$$

$$\Delta W_{(x,y)} = -\frac{aV_{\max}}{v} \times \frac{1}{1+\left(\dfrac{y}{b}\right)^2}\left[\arctan\frac{x_2+l}{a} - \arctan\frac{x_1+l}{a}\right]$$

当 $x_1=l_1$(超前影响距),$x_2=x$ 时,且令 $\dfrac{a}{v}V_{\max}=W$,即得到 $A$ 点在任意时刻的下沉变化规律:

$$W_{(x,y)} = \frac{W}{1 + \left(\dfrac{y}{b}\right)^2} \left[ \arctan \frac{l_1 + l}{a} - \arctan \frac{x + l}{a} \right] \qquad (4\text{-}39)$$

工作面固定在某一位置时,按式(4-39)可求出在该工作面位置时(即在该时刻)地表下沉分布规律。如果工作面位于不同位置时,则可按式(4-39)求得任意点在任意时刻的下沉分布规律。

通过对式(4-39)求导数,可求得任意点在任意时刻、任何方向的倾斜为:

$$i(x,y)\varphi = \frac{\partial W(x,y)}{\partial x} \cos \varphi + \frac{\partial W(x,y)}{\partial y} \sin \varphi \qquad (4\text{-}40)$$

同理,可得任意点在任意时刻、任意方向的曲率变形为:

$$k(x,y)\varphi = \frac{\partial i(x,y,\varphi)}{\partial x} \cos \varphi + \frac{\partial i(x,y,\varphi)}{\partial y} \sin \varphi \qquad (4\text{-}41)$$

式中　$\varphi$——预计方向与 $x$ 轴的顺时针夹角。

#### 4.1.3.3　预计所用参数求取方法

在工作面推进过程中,按上述公式计算的地表任意点在任意时刻的变形值精度取决于公式中所用的参数值是否准确。一般情况下,该参数可按下述经验公式计算。

(1) 地表最大下沉值 $W_{\max}$

$$W_{\max} = mq\cos \alpha (n_1 n_2)^{\frac{1}{t}} \qquad (4\text{-}42)$$

式中　$q$——下沉系数;

　　　$m$——煤层实际开采厚度,mm;

　　　$\alpha$——煤层倾角,(°);

　　　$n_1$、$n_2$——采动程度系数;

　　　$t$——系数,$t=2$ 或 $t=3$。

(2) 地表最大下沉速度 $V_{\max}$

初次采动:

$$V_{\max} = \frac{10.3 m D_1 v\cos \alpha}{H_0} \qquad (4\text{-}43)$$

重复采动:

$$V_{\max} = \frac{11.5 m D_1 v\cos \alpha}{H_0} \qquad (4\text{-}44)$$

式中　$m$——煤层实际开采厚度,mm;

　　　$v$——工作面推进速度,m/d;

$D_1$——采区斜长，m；

$H_0$——平均开采深度，m。

（3）最大下沉速度滞后距 $l$

$$l = 0.029H_0\sqrt{v} + 33.61\sqrt{v} \tag{4-45}$$

也可用下式计算：

$$l = H_0 \cot\varphi \tag{4-46}$$

式中　$\varphi$——最大下沉速度角，一般按下式计算：

$$\varphi = 15.65\ln\left(\frac{H_0}{v} + 1\right) \tag{4-47}$$

（4）走向方向下沉速度分布曲线形态参数 $a$

$$a = \frac{vW_{max}}{\pi V_{max}} \tag{4-48}$$

如果已知实测最大下沉速度 $V_{max}$、最大下沉速度滞后距 $l$ 和任意点的下沉速度 $V_{(x)}$，则可按下式求 $a$ 值：

$$a = \frac{x+l}{\sqrt{\dfrac{V_{max}}{V_{(x)}} - 1}} \tag{4-49}$$

（5）倾斜方向下沉速度分布曲线形态系数 $b$

$$b = 0.1165H_0 + 34.34 \tag{4-50}$$

根据实测资料可按下式计算：

$$b = \frac{y}{\sqrt{\dfrac{V_{max}}{V_{(x)}} - 1}} \tag{4-51}$$

（6）超前影响距 $l_1$

$$l_1 = \frac{1}{\sqrt{v}}(0.602H_0 - 18.2) \tag{4-52}$$

### 4.1.4　地表动态移动变形预计的概率积分函数模型

#### 4.1.4.1　动态坐标系统的选择

为了研究问题的方便，引进了如图 4-6 所示的坐标系统，$x$ 轴平行于开采方向并指向回采边界，$y$ 轴垂直于开采方向。考虑到拐点偏距，动态坐标系的原点位于图中所示的位置。由于工作面推进是连续进行的，所以坐标系也是动态的。

#### 4.1.4.2　下沉速度

假定沿 $x$ 方向下沉速度分布可以表达为：

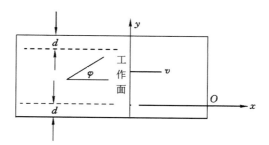

图 4-6　坐标系示意图

$$V_x = V_{max} e^{-2\left(\frac{x+l}{l+l_1}\right)^2} \tag{4-53}$$

式中　$V_{max}$——最大下沉速度；

　　　$V_x$——$x$ 点的下沉速度；

　　　$l_1$——超前影响距；

　　　$l$——最大下沉速度滞后距；

$l$ 和 $l_1$ 的大小取决于开采深度和工作面每天的推进速度。$l$ 和 $l_1$ 可以采用经验公式来求取：

$$l = 0.073\ 784 h\sqrt{v}$$

$$l_1 = \frac{0.396\ 63 h - 43.851\ 2}{\sqrt{v}} \tag{4-54}$$

式中　$h$——平均上覆岩层厚度；

　　　$v$——工作面的推进速度。

### 4.1.4.3　沿走向主断面的动态地表移动和变形

（1）动态下沉

在 $dt$ 时间内，地表点 $x$ 的累计下沉为：

$$dW_x = V_x dt = V_{max} e^{-2\left(\frac{x+l}{l_1+l}\right)^2} dt \tag{4-55a}$$

当工作面以速度 $v$ 向前推进时，在 $dt$ 时间间隔内，工作面推进距离为 $dx = vdt$，故式（4-55a）可写为：

$$dW_x = \frac{V_{max}}{v} e^{-2\left(\frac{x+l}{l+l_1}\right)^2} dx \tag{4-55b}$$

在 $x_p$ 点下沉可表达为：

$$W_x = \frac{V_{max}}{v} \int_{x_p}^{\infty} e^{-2\left(\frac{x+l}{l+l_1}\right)^2} dx \tag{4-56}$$

其中，当地表点在工作面位置的前方时，$x_p$ 为正，当地表点位于工作面位置的后方时,$x_\mathrm{p}$ 为负。

（2）动态倾斜

沿走向主断面的动态倾斜是动态下沉的一阶导数,可表示为:

$$i_x = \frac{\mathrm{d}W_x}{\mathrm{d}x} = -\sqrt{\frac{2}{\pi}} \frac{W_{\max}}{l+l_1} \mathrm{e}^{-2\left(\frac{x+l}{l+l_1}\right)^2} \tag{4-57}$$

当 $x=-l$ 时,动态倾斜达到最大值,为:

$$i_{\max} = -\sqrt{\frac{2}{\pi}} \frac{W_{\max}}{l+l_1} \tag{4-58}$$

（3）动态曲率

走向主断面上的动态曲率是动态下沉的二阶导数,可表示为:

$$k_x = \frac{\mathrm{d}^2 W_x}{\mathrm{d}x^2} = 4\sqrt{\frac{2}{\pi}} \frac{W_{\max}}{(l+l_1)^3} (x+l) \mathrm{e}^{-2\left(\frac{x+l}{l+l_1}\right)^2} \tag{4-59}$$

（4）最大下沉速度与最大下沉值之间的关系

理论上讲,地表点的最大下沉值是工作面从负无穷远处开始推进,经过该地表点,然后推向正无穷远处,此时,该点达到最大下沉值,可表示为:

$$W_{\max} = \frac{V_{\max}}{v} \int_{-\infty}^{\infty} \mathrm{e}^{-2\left(\frac{x+l}{l+l_1}\right)^2} \mathrm{d}x \tag{4-60}$$

因为

$$\int_{-\infty}^{\infty} \mathrm{e}^{-2\left(\frac{x+l}{l+l_1}\right)^2} \mathrm{d}x = \sqrt{\frac{\pi}{2}} (l+l_1)$$

所以有:

$$W_{\max} = \sqrt{\frac{\pi}{2}} (l+l_1) \frac{V_{\max}}{v} \tag{4-61}$$

或有:

$$V_{\max} = \sqrt{\frac{2}{\pi}} \frac{v}{l+l_1} W_{\max} \tag{4-62}$$

### 4.1.4.4 任意点沿任意方向的动态移动和变形

在动态坐标系统中,任意地表点 $P(x,y)$ 的动态下沉值为:

$$W(x,y) = \frac{W_x W_y}{W_{\max}} \tag{4-63}$$

式中　$W_x$——沿走向主断面的动态下沉值;

　　　　$W_y$——沿倾向主断面的动态下沉值;

　　　　$W_{\max}$——最大下沉值。

（1）动态倾斜

在动态坐标系统中,沿 $\varphi$ 方向的动态倾斜为:

$$i_\varphi = (i_x W_y \cos\varphi + i_y W_x \sin\varphi)/W_{\max} \tag{4-64}$$

式中

$$i_x = -\sqrt{\frac{2}{\pi}}\frac{W_{\max}}{l+l_1}e^{-2\left(\frac{x+l}{l+l_1}\right)^2}$$

$$i_y = \frac{W_{\max}}{r}\left[e^{-\pi\left(\frac{y}{r}\right)^2} - e^{-\pi\left(\frac{L_y-y}{r}\right)^2}\right] \tag{4-65}$$

式中　$r$——主要影响半径。

动态倾斜的大小和方向可以表示为:

$$i = \frac{1}{W_{\max}}\sqrt{(i_x W_y)^2 + (i_y W_x)^2}$$

$$\varphi_i = \tan^{-1}\left(\frac{i_y W_x}{i_x W_y}\right) \tag{4-66}$$

(2) 动态曲率

地表任意点沿任意 $\varphi$ 方向的动态曲率为:

$$k_\varphi = \frac{1}{W_{\max}}(W_y k_x \cos^2\varphi + i_x i_y \sin^2\varphi + W_x k_y \sin^2\varphi) \tag{4-67}$$

式中

$$\begin{cases} k_x = 4\sqrt{\frac{2}{\pi}}\frac{W_{\max}}{(l+l_1)^3}(x+l)e^{-2\left(\frac{x+l}{l+l_1}\right)^2} \\ k_y = -2\pi\frac{W_{\max}}{r^2}\left[\left(\frac{y}{r}\right)e^{-\pi\left(\frac{y}{r}\right)^2} - \frac{L_y-y}{r}e^{-2\pi\left(\frac{L_y-y}{r}\right)^2}\right] \end{cases} \tag{4-68}$$

动态曲率的大小和方向可以表示为:

$$\begin{cases} k = \frac{1}{2W_{\max}}\left[k_x W_y + k_y W_x + \sqrt{(k_x W_y - k_y W_x)^2 + 4(i_x i_y)^2}\right] \\ \varphi_k = \frac{1}{2}\tan^{-1}\left(\frac{2i_x i_y}{k_x W_y - k_y W_x}\right) \end{cases} \tag{4-69}$$

### 4.1.5　地表下沉速度曲线形态对动态预计方法的影响

下沉盆地主断面上地表任一点的下沉速度是各不相同的,当工作面的推进距离还没有达到该地质采矿条件下充分采动的临界尺寸时,地面任一点的下沉速度和最大下沉速度将随采空区的扩大而增大,如图 4-7 所示。

当工作面推进到 $A$ 点和 $B$ 点时,相应的下沉速度曲线分别为 $V_a$ 和 $V_b$;当工作面开采尺寸达到充分采动的临界尺寸时,如工作面推进到 $C$ 点,地表点下沉速度达到最大值 $V_{\max}$,下沉速度曲线形态基本保持不变,不再随工作面的继续推进而变化,如工作面推进到 $D$ 点和 $E$ 点。一般情况下,此时的下沉速度曲线上,最大下

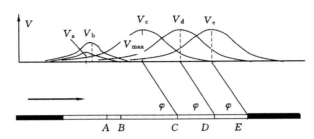

图 4-7  工作面推进不同位置时的下沉速度分布曲线

沉速度与工作面间相距为最大下沉速度滞后距。当工作面停止后,地面各点的下沉速度逐渐减小,直到稳定。

当采用双曲函数和概率积分函数进行地表动态移动变形预计时,都采用超前影响距和最大下沉速度滞后距来确定工作面稳定推进过程中下沉速度分布曲线形态,超前影响距和最大下沉速度滞后距可根据实际观测资料进行统计分析后获得,在实践中已经证明了该方法对稳定推进过程中地表动态移动变形的预计是可行的。但由于对移动过程的初始阶段和衰退阶段的下沉速度曲线变化规律的研究仍有待进一步深入,同时由于开采过程中工作面推进速度一般不为常数甚至有时会停止,从而引起地表下沉速度曲线形态变化,导致上述方法在动态预计中产生偏差。

### 4.1.6  MATLAB 模拟动态移动变形过程[43]

#### 4.1.6.1  MATLAB 软件的优势

MATLAB 软件是当今国际上科学界最具影响力、最有活力的软件之一。MATLAB 是 Matrix Laboratory(矩阵实验室)的缩写,MATLAB 软件是美国 MathWorks 公司 20 世纪 80 年代中期推出的数学软件,起初它是一种专门用于矩阵运算的软件,经过多年的发展,MATLAB 已发展成为一种功能十分全面的软件,主要面向科学计算、可视化以及交互式程序设计的高科技计算环境。具有优秀的数值计算能力和卓越的数据可视化能力,可以提供与矩阵相关的强大的数据处理和图形显示功能,为软件开发人员实现数值计算和图形显示增添了一项有效的开发平台,在国内的知名度越来越大。

MATLAB 软件具有以下优势:

(1) 友好的工作平台和编程环境

MATLAB 由一系列工具组成。这些工具方便用户使用 MATLAB 的函数和文件,其中许多工具采用的是图形用户界面。与 C 语言一样,有其内定的规则,但 MATLAB 的规则更接近于数学表示。因此其使用更为简便,避免了其他语言的许多限制。MATLAB 提供了一个良好人机交互的数学系统环境,该系统的基本数学结构是矩阵,在生产矩阵对象时,不要求作明确的维数说明,利用 MATLAB 可以节省大量的编程时间。

（2）简单易用的模块集和工具箱

MATLAB 是一个高级的矩阵/阵列语言,用户可以在命令窗口中将输入语句与执行命令同步,也可以先编写好一个复杂的应用程序（M 文件）后再一起运行,这比其他高级语言都要方便得多。MATLAB 对许多专门的领域都开发了功能强大的模块集和工具箱。一般来说,它们都是由特定领域的专家开发的,用户可以直接使用工具箱学习、应用而不需要自己编写代码。

（3）强大的科学计算和数据处理能力

MATLAB 是一个包含大量计算算法的集合,具有强大的矩阵计算功能,利用一般的符号和函数就可以对矩阵进行加、减、乘、除运算以及转置和求逆运算,而且可以处理某些特殊的矩阵,可以方便地实现用户所需的各种计算功能。MATLAB 的内部函数库提供了相当丰富的函数,这些函数在编译之前已经经过了各种优化和容错处理,可以解决许多基本问题,应用时用户可以把烦琐的计算问题交给内部函数解决。

（4）丰富的图形绘制功能

MATLAB 不仅可以绘制一般的二维/三维图形,还可以绘制工程特性较强的特殊图形,MATLAB 提供了方便的数据可视化功能,在程序的运行过程中,用户可以方便迅速地用图形、图像等技术将向量和矩阵用图形表现出来,并且可以对图形进行标注和打印,用于科学计算和工程绘图。此外对一些特殊的可视化要求,MATLAB 也有相应的功能函数,保证了用户不同层次的要求。

4.1.6.2　可视化流程

（1）建立模型:建立模型是进行可视化的基础,首先建立地表移动和变形坐标-时间函数模型。

（2）搜集数据:包括所要预计矿的实测资料以及由实测资料得到的相关预计参数等。

（3）编写 M 文件:在进行可视化时,将由 MATLAB 语句构成的函数模型的程序、预计参数以及有关工作面的数据输入存储成以".m"为扩展名的文件,然后再执行该程序文件。

（4）运行结果:运行 M 文件,若出现错误,适时调试直至成功运行,最后绘制地表动态移动变形的可视化图形。

### 4.1.7 小结

本节主要介绍了动态地表移动和变形预计的几种函数模型,其中双曲函数法和概率积分函数法是国内外预计地表动态移动变形的典型方法,在实际中得到了广泛应用。两种方法在描述地表动态移动变形规律的方式上是相同的,都是以超前影响距和最大下沉速度滞后距来确定工作面稳定推进过程中地表下沉速度曲线分布形态,差别在于所选剖面函数不同。同时分析表明,上述方法也有应用的局限性:

(1) 必须在实测基础上获得下沉速度分布函数的形态系数。

(2) 只能预计工作面稳定推进过程中(充分采动)的动态移动变形值,不能预计地表移动的起始阶段和衰退阶段的移动变形值。特别随着开采深度的增加,单一工作面的开采在倾向甚至走向方向上都不能达到充分采动,使得动态移动变形预计无法实现。

(3) 当工作面推进速度为一变量时或因生产条件等因素导致稳定推进工作面突然停止(未达到停采线)时,上述方法的应用将产生困难。

# 4.2 基于 Knothe 模型的动态地表移动过程计算

### 4.2.1 Knothe 模型函数的构建[11,44]

地下资源开采后,首先破坏的是直接顶,随着开采范围的扩大,破坏逐渐传递到上覆岩层,当采煤工作面自开切眼开始向前推进的距离相当于 $\left(\dfrac{1}{4} \sim \dfrac{1}{2}\right) H_0$($H_0$ 为平均采深)时,采动影响波及地表;当地下开采范围继续增大,地表下沉盆地的范围和最大下沉值随之发展;当开采面积达到充分采动的临界尺寸时,地表最大下沉值达到极限,但移动盆地范围却继续随开采范围的增大而增大。由此可以假定地表下沉速度 $\dfrac{\mathrm{d}W(t)}{\mathrm{d}t}$ 与地表最终下沉值 $W_0$ 和某一时刻 $t$ 的动态下沉值 $W(t)$ 之差成比例,即:

$$\frac{\mathrm{d}W(t)}{\mathrm{d}t} = c[W_0 - W(t)] \tag{4-70}$$

式(4-70)中,$c$ 为与上覆岩层力学性质有关的时间因素影响系数,其量纲 $1/\mathrm{a}$。

根据初始时刻边界条件：$t=0$，$W(t)=0$，对式(4-70)积分，可得：

$$W(t) = W_0(1 - e^{-\alpha t}) \tag{4-71}$$

式(4-71)就是 Knothe 地表移动动态过程的下沉表达式，令时间函数 $\varphi(t) = 1 - e^{-\alpha t}$，则有：

$$W(t) = W_0\varphi(t) \tag{4-72}$$

### 4.2.2　时间函数的选择

目前，常用于描述一般地表下沉的时间函数模型主要有 Knothe 模型、Sroka-Schober 函数模型、Logistic 曲线模型、Gompertz 曲线模型、Weibull 曲线模型及 Richards 曲线模型等，其基本原理是采用曲线拟合法假定地表沉降历程符合某一种已知函数曲线，利用实测沉降数据拟合曲线参数，然后利用拟合后的曲线公式预计地表在任一时间的沉降量。开采引起的地表沉陷与一般地表下沉在本质上存在差异，用于预测地表下沉的模型并不一定都适用于描述开采沉陷引起的地表沉陷过程[43]。现从时间函数、下沉速度以及加速度三个方面分别分析各类时间函数模型对描述开采引起的地表沉陷动态过程的适用性。

#### 4.2.2.1　单参数时间函数

Knothe 时间函数被认为是描述地表点动态下沉全过程的理论模型。1952年，波兰学者克诺特(Knothe)用数学方法描述开采过程中地表下沉这一复杂的时空过程，并提出假设：地表点在某一时刻的瞬时下沉速度与该点的最终下沉量和瞬时下沉量之差成正比，由此构建了 Knothe 时间函数模型。

在 Knothe 模型中，地表下沉的时间函数为：

$$\varphi(t) = 1 - e^{-\alpha t} \tag{4-73}$$

Knothe 的时间函数和它在特征点的导数见表 4-1。

**表 4-1　特征点上的 Knothe 时间函数及其导数**

| $t$ | 0 | $(0, +\infty)$ | $+\infty$ |
|:---:|:---:|:---:|:---:|
| $\varphi(t)$ | 0<br>min | $+$ | 1<br>max |
| $\dfrac{\mathrm{d}\varphi(t)}{\mathrm{d}t}$ | $c$<br>max | $+$ | 0<br>min |
| $\dfrac{\mathrm{d}^2\varphi(t)}{\mathrm{d}t^2}$ | $-c^2$<br>min | $-$ | 0<br>max |

从表 4-1 中可见,随着时间从 0 到 $+\infty$ 增大时,时间函数也在从最小值增大到最大值。而其一阶导数从最大值 $c$ 减小到最小值 0,其二阶导数从最小值 $-c^2$ 增大到 0。根据实际地表移动的物理过程,时间函数的一阶导数代表了地表下沉速度,二阶导数代表了下沉加速度。

在初始时刻 $t=0$ 时,下沉速度和下沉加速度都应等于零;在移动的中间阶段,下沉速度应从 $0 \rightarrow +V_{max} \rightarrow 0$,下沉加速度应从 $0 \rightarrow +a_{max} \rightarrow 0 \rightarrow -a_{max} \rightarrow 0$,即在时间变量 $t \rightarrow +\infty$ 时,下沉速度和加速度都趋向于零[44-45]。

这表明,尽管 Knothe 时间函数可以用于预计动态下沉、倾斜、曲率、水平移动和水平变形,但不能反映地表下沉速度和加速度的变化规律。

地表移动过程的时间函数分布曲线[28,44]见表 4-2。

**表 4-2　各动态时间函数模型比较分析**

| 模型类型 | 时间函数 $\varphi(t)$ | 下沉速度 $v(x,t)$ | 下沉加速度 $a(x,t)$ |
|---|---|---|---|
| Knothe | | | |
| Sroka-Schober | | | |
| Logistic | | | |
| Gompertz | | | |

表 4-2(续)

| 模型类型 | 时间函数 $\varphi(t)$ | 下沉速度 $v(x,t)$ | 下沉加速度 $a(x,t)$ |
|---|---|---|---|
| Richards | 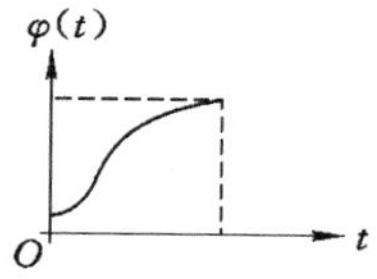 | 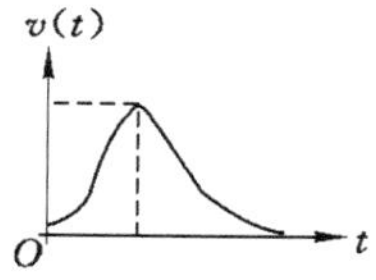 | 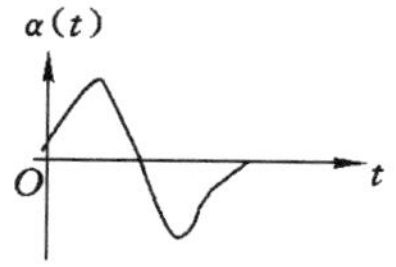 |
| Weibull | 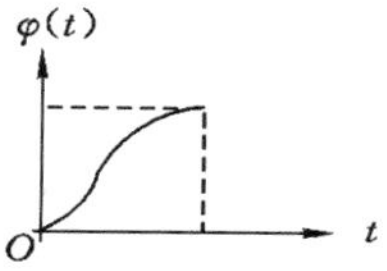 | 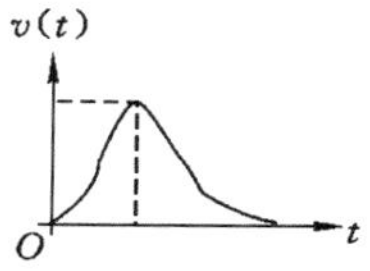 | 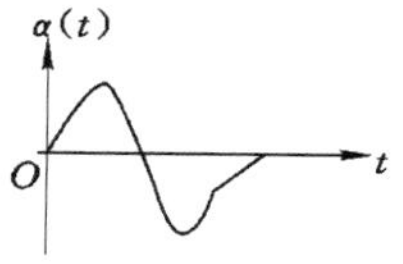 |
| 理想函数 | 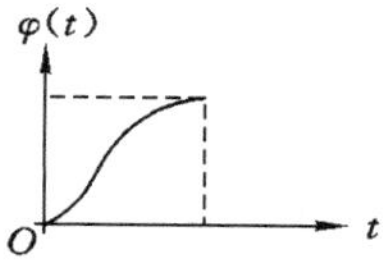 | 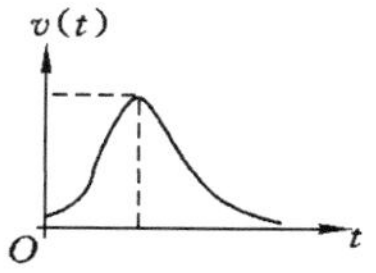 | 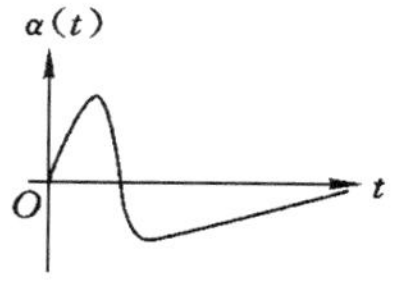 |

#### 4.2.2.2　双参数的时间函数

（1）Sroka-Schober 函数模型

1982—1983 年 Sroka(斯罗卡)和 Schober(肖伯)构造了双参数时间函数,一般称之为 Sroka-Schober 模型[10],此时间函数包括了两个参数。也就是说,考虑到岩层形变是随时间变化的,在已知的矿物单元开采的影响下,开采量 $V$ 与塌陷量 $M(t)$ 之间的关系式可用一个函数[式(4-74)]来定义。式(4-74)中,假设这种底部收敛过程可用指数函数来表达,矿床岩体所产生的滞后效应可以根据 Knothe 函数描述地面某一点沉降的时间变化过程方程来模拟。相关公式如下:

$$M(t) = aV\left(1 + \frac{\xi}{f-\xi}\mathrm{e}^{-ft} - \frac{f}{f-\xi}\mathrm{e}^{-\xi t}\right) \tag{4-74}$$

式中　$a$——根据矿石开采率得来的塌陷量;

　　　$V$——矿石开采量;

　　　$f$——岩层的相对收敛速率(如 $f=0.001/a$ 就表明每年收敛量为原有体积的 1%);

　　　$\xi$——矿床上覆岩层的作用时间参数,描述岩层的滞后效应。

其时间函数表示为：

$$\varphi(t) = 1 + \frac{\xi}{f - \xi} e^{-ft} - \frac{f}{f - \xi} e^{-\xi t} \tag{4-75}$$

在此模型中，时间变量 $t$ 的变化区间为 $(0, +\infty)$，时间函数的变化区间为 $(0, 1)$，其一阶导数的变化为：$0 \rightarrow +V_{\max} \rightarrow 0$，这与实际地表下沉速度分布相吻合[28]。二阶导数的变化规律为：$+a_{\max} \rightarrow 0 \rightarrow -a_{\max} \rightarrow 0$，它不能正确反映下沉加速度的变化规律。Sroka-Schober 模型的时间函数和它在特征点的导数见表 4-3。

（2）Logistic 曲线模型[43]

在一定条件下，生物种群的增长并不是按几何级数无限增长的，而是开始增长速度快，随后速度慢直至停止增长，曲线大致呈 S 形，这就是常说的成长曲线。Logistic 曲线就是一种成长曲线，最初是由马尔萨斯在研究人口增长规律时提出来的。基于 Logistic 时间函数和下沉速度的函数表达式为：

$$\varphi(t) = \frac{1}{1 + b e^{-at}} \tag{4-76}$$

$$v(t) = ab W_0 \frac{e^{-at}}{(1 + e^{-at})^2} \tag{4-77}$$

式中　$t$——时间；

　　　$a$——时间影响系数；

　　　$b$——待求参数。

Logistic 时间函数模型所描述的过程虽然比较符合地表沉降的动态过程，但从表 4-2 中可以看出，$t=0$ 时，$W(0) \neq 0$，且 $v(0) > 0, a(0) > 0$，说明初始时刻地表就存在一定的沉降差，并且以一定的速度下沉，与实际情况不符，同时该模型的参数也较难求解，因此，Logistic 时间函数模型对描述开采沉陷的动态过程适用性较差。

（3）Gompertz 曲线模型[46]

Gompertz 曲线是以英国统计学家和数学家 Gompertz 的名字命名的，他基于修正的指数曲线制定的一种生长曲线。基于 Gompertz 曲线建立地表沉陷动态过程的时间函数对描述地表点的沉降过程具有一定的适用性，其下沉时间函数及速度函数为：

$$\varphi(t) = e^{-e^{-at+b}} \tag{4-78}$$

$$v(t) = a W_0 e^{-e^{-at+b}} e^{-at+b} \tag{4-79}$$

式中　$a$、$b$——待定参数。

由表 4-2 可知，Gompertz 时间函数模型所描述的过程虽然比较符合开采沉陷

**表 4-3　特征点上 Sroka-Schober 时间函数及其导数**

| $t$ | $0$ | $\left(0,\ \dfrac{f}{\xi-f}\ln\dfrac{\xi}{f}\right)$ | $\dfrac{f}{\xi-f}\ln\dfrac{\xi}{f}$ | $\left(\dfrac{f}{\xi-f}\ln\dfrac{\xi}{f},\ 2\dfrac{f}{\xi-f}\ln\dfrac{\xi}{f}\right)$ | $2\dfrac{f}{\xi-f}\ln\dfrac{\xi}{f}$ | $\left(2\dfrac{f}{\xi-f}\ln\dfrac{\xi}{f},\ +\infty\right)$ | $+\infty$ |
|---|---|---|---|---|---|---|---|
| $\phi(t)$ | $0$ <br> min | $+$ | $1+\dfrac{1}{f-\xi}\left[\xi\left(\dfrac{\xi}{f}\right)^{\frac{f}{f-\xi}}-f\left(\dfrac{\xi}{f}\right)^{\frac{\xi}{f-\xi}}\right]$ | $+$ | $1+\dfrac{1}{f-\xi}\left[\xi\left(\dfrac{\xi}{f}\right)^{\frac{2f}{f-\xi}}-f\left(\dfrac{\xi}{f}\right)^{\frac{2\xi}{f-\xi}}\right]$ | $+$ | $1$ <br> max |
| $\dot\phi(t)$ | $0$ <br> min | $+$ | $\dfrac{f\xi}{f-\xi}\left[-\left(\dfrac{\xi}{f}\right)^{\frac{f}{f-\xi}}+\left(\dfrac{\xi}{f}\right)^{\frac{\xi}{f-\xi}}\right]$ <br> max | $+$ | $\dfrac{f\xi}{f-\xi}\left[-\left(\dfrac{\xi}{f}\right)^{\frac{2f}{f-\xi}}+\left(\dfrac{\xi}{f}\right)^{\frac{2\xi}{f-\xi}}\right]$ | $+$ | $1$ <br> min |
| $\ddot\phi(t)$ | $\xi\cdot f$ <br> max | $+$ | $0$ | $-$ | $\dfrac{f\xi}{f-\xi}\left[f\left(\dfrac{\xi}{f}\right)^{-\frac{2f}{\xi-f}}-\xi\left(\dfrac{\xi}{f}\right)^{-\frac{2\xi}{\xi-f}}\right]$ <br> min | $-$ | $0$ |

的动态过程,但该模型的参数难求解,且当 $t=0$ 时,情况类似 Logistic 时间函数模型,因此 Gompertz 时间函数模型亦不能准确地描述开采沉陷的动态过程。

（4）Weibull 曲线模型[47-48]

Weibull 曲线是随机变量分布之一,又称韦伯分布、韦氏分布或威布尔分布。由瑞典物理学家 Weibull 于 1939 年研究轴承寿命时提出的,Weibull 时间函数及速度函数表达式如下:

$$\varphi(t) = 1 - e^{-m(t+0.001)^n} \tag{4-80}$$

$$v(t) = mnt^{n-1}W_0 e^{-m(t+0.001)^n} \tag{4-81}$$

式中　$t$——时间;

　　$m$、$n$——为待定系数。

由表 4-2 可知,基于 Weibull 曲线模型所描述的过程较符合开采引起的地表点沉降过程,但是由于顾及表达式的物理意义,需要令时间 $t$ 加上 0.001,使得表达式的物理意义不明确,因而很难推广[43]。

### 4.2.2.3　三参数的时间函数

描述生物生长过程经典的数学模型有 Logistic 方程、Spillman 方程（另称为 Brody 方程）、Bertalanffy 方程以及 Gompertz 方程等。1959 年,Richards(理查兹)发现可以用一个方程将此 4 个经典生长模型融合在一起,这个模型后来被称为 Richards 方程[49]。Richards 时间函数及速度函数可表示为:

$$\varphi(t) = \frac{1}{(e^{-at+b}+1)^{\frac{1}{d}}} \tag{4-82}$$

$$v(t) = \frac{a}{d}W_0(e^{-at+b}+1)^{-\frac{1}{d}-1}e^{-at+b} \tag{4-83}$$

式中　$t$——时间;

　　$a$、$b$、$d$——待定参数。

由表 4-2 可知,Richards 时间函数模型所描述的过程并不符合开采引起的地表沉降的动态过程,并且其描述变量间的关系为非线性,对各参数初始值的确定要有一定的经验,所以所选取样点的时间序列必须足够长。

通过以上分析可知,地表沉陷的动态过程是一个有限增长的过程,其下沉量与时间的关系曲线在形态上大致呈现 S 形。可描述开采沉陷动态全过程的时间函数必须满足以下三个特征:

（1）初始时刻下沉量为零,终止时刻下沉量趋于稳定,整个过程曲线呈前端小、后端大的不对称的 S 形。

（2）初始时刻和终止时刻的下沉速度均为零,在中间某一时刻下沉速度达到最大值。

（3）初始时刻和终止时刻的下沉加速度亦为零,速度最大时其值为零,且该时刻的前期和后期分别有一个加速度为最大正值的时刻和最大负值的时刻。

因此,可描述开采沉陷动态过程的理想时间函数模型不仅需要能较好地拟合沉陷的下沉-时间曲线,而且从下沉速度和下沉加速度两个方面也要符合开采沉陷的物理过程,但目前尚不成熟。

双参数时间函数 Sroka-Schober 模型在理论上优于单参数时间函数 Knothe 模型,尤其是它的一阶导数更接近于理想的时间函数。实际应用中,岩层的相对收敛速率和矿床上覆岩层的作用时间参数难以求出,而预计结果精度的高低取决于时间参数取值的准确性。但由于时间参数代表的是地质采矿条件的综合效应,如工作面尺寸、覆岩厚度、回采速度、开采方法和覆岩的力学性质与结构等。参数的增加往往使参数间的相关性增大,且难以区分一个参数是受何种地质采矿因素所控制,尽管 Knothe 时间函数的一阶导数与理想的时间函数不符,但根据叠加原理,通过差分法仍可得到与实际接近的下沉速度分布曲线。

### 4.2.3　时间影响系数 $c$ 的确定方法

#### 4.2.3.1　图解法

该方法由波兰学者 Knothe 首先提出。如图 4-8 所示,取地表点下沉观测结果,绘制成地表点下沉-时间曲线。

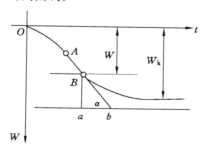

图 4-8　下沉-时间曲线

从下沉曲线上任一点 $A$ 开始,下沉曲线应由下式确定:

$$\frac{\partial W}{\partial t} = c(W_k - W) \tag{4-84}$$

在 $A$ 点以下取任意点 $B$,过 $B$ 作下沉曲线的切线交 $W = W_k$ 直线于点 $b$,则有:

$$\tan \alpha = \frac{\partial W}{\partial t} = c(W_k - W) \qquad (4-85)$$

由此可得：

$$\frac{1}{c} = \frac{W_k - W}{\tan \alpha} \qquad (4-86)$$

也可过 $B$ 点作垂线交渐近线于 $a$ 点，则 $ab$ 线段之长即为系数 $c$ 的倒数。

图解法简单易行，但其精度受制图的限制。当有许多点的下沉过程观测结果时，对每个点用此法求出 $c$ 值后再取平均值，就实用来说已足够准确。

#### 4.2.3.2    对比法

根据地表点下沉结果，把一些点的下沉-时间过程制成无因次曲线（$c_t$-$W/W_{max}$）。选取适当的 $c$ 值，使实测曲线与理论曲线基本一致。改变 $c$ 值，以使理论曲线与实际符合最好，则取此值为时间影响系数 $c$。

#### 4.2.3.3    逼近法

设开采停止以后，于 $\tau_1$ 瞬间测得地表点下沉增量为 $\Delta W_1$，在 $\tau_2$ 瞬间测得下沉增量为 $\Delta W_2$，即有：

$$\begin{cases} \Delta W_1 = W_{(\tau_1)} - W_k \\ \Delta W_2 = W_{(\tau_2)} - W_k \end{cases} \qquad (4-87)$$

上式又可写成：

$$\begin{cases} \Delta W_1 = \Delta W_k(1 - e^{-c\tau_1}) \\ \Delta W_2 = \Delta W_k(1 - e^{-c\tau_2}) \end{cases} \qquad (4-88)$$

以上两式相除可得：

$$\frac{\Delta W_1}{\Delta W_2} = \frac{1 - e^{-c\tau_1}}{1 - e^{-c\tau_2}} \qquad (4-89)$$

已知 $\Delta W_1$、$\Delta W_2$、$\tau_1$ 及 $\tau_2$ 情况下，可以用逼近法求解，或将上式展成级数求解。

如果能够测得开采停止以后的最终（$\tau \to +\infty$）下沉增量 $\Delta W_k$，则式（4-89）可化成：

$$\frac{\Delta W_1}{\Delta W_k} = 1 - e^{-c\tau_1} \qquad (4-90)$$

解上述方程式可求出 $c$ 值为：

$$c = -\frac{1}{\tau_1}\ln\left(\frac{\Delta W_k - \Delta W_1}{\Delta W_k}\right) \qquad (4-91)$$

在上述各式中，开采停止瞬间为计算时间的起点 $\tau = 0$，其下沉为 $W_k$。

#### 4.2.3.4 时间影响系数 $c$ 实测值

一般来说,煤层上覆岩层中有厚而坚硬的砂岩时,系数 $c$ 较小;若有厚而软的岩层时,则系数 $c$ 较大。

我国煤田类型多,开采深度及岩石性质差别大,系数 $c$ 的变化范围很大。一般来说,下沉速度系数 $c$ 有随开采深度增加而减小的趋势。下面将一些矿山由地表下沉观测资料所获得的系数 $c$ 值列于表 4-4。

表 4-4  部分矿山实测时间影响系数

| 矿山名称 | 开采深度 $H$ /m | 煤层倾角 $\alpha$ /(°) | 测点数目 $n$ /个 | 系数 $c$ /$a^{-1}$ |
|---|---|---|---|---|
| 开滦林西矿黑鸭子测站 | 142 | 23 | 6 | 3 |
| 新汶孙村煤矿 | 185 | 25 | 3 | 6.9 |
| 本溪田师傅矿二坑 | 29～38 | 29 | 6 | 4.6 |
| 双鸭山四方台矿五井 | 14～23 | 6 | 4 | 40.6 |
| 鹤岗富力矿四井 | 60 | 24 | 4 | 18 |
| 阜新平安矿五坑 | 50 | 33 | 4 | 19.5 |
| 贾汪夏桥矿 702 站 | 109 | 15 | 4 | 23.7 |
| 贾汪夏桥矿 755 站 | 35 | 13 | 4 | 48.5 |
| 本溪采屯矿一采区 | 437～528 | 10～16 | 59 | 1.47 |
| 阜新平安五坑车一路测站 | 76 | 31 | 15 | 22.8 |
| 阜新清河门三坑北一路测站 | 59 | 0～12 | 8 | 18.3 |
| 阜新清河门三坑北三路测站 | 30 | 0～12 | 4 | 22.8 |
| 阜新高德八坑八路测站 | 236～422 | 26 | 8 | 2.18 |

#### 4.2.3.5 区间估算法

上述四种方法所确定的时间影响系数都是根据大量的实测资料计算的,如果无实测资料,则无法确定时间影响系数。

观测资料表明,当工作面推进 $(1.2～1.4)H_0$ 时,地表移动达到充分采动,按概率积分法理论,此时地表最大下沉值近似等于 $0.98W_0$。若工作面推进速度为 $v$,则地表移动达到充分采动的时间介于 $\dfrac{1.2H_0}{v}～\dfrac{1.4H_0}{v}$ 之间,从而有:

$$W_0(1-e^{-c\frac{1.2H_0}{v}}) \geqslant 0.98W_0 \tag{4-92}$$

$$W_0(1-e^{-c\frac{1.4H_0}{v}}) \leqslant 0.98W_0 \tag{4-93}$$

即在一般条件下与岩性相关的时间因素影响系数 $c$ 满足下列条件：

$$-\frac{v\ln 0.02}{1.4H_0} \leqslant c \leqslant -\frac{v\ln 0.02}{1.2H_0} \qquad (4-94)$$

故只要知道平均开采深度 $H_0$ 和工作面推进速度 $v$，就可以很方便地求出时间影响系数 $c$。

由此可见：

（1）时间影响系数与开采深度成反比。在其他条件相同的情况下，采深越大，$c$ 越小。

（2）当一个矿区的临界充分采动尺寸 $L_1$ 已知时，则进一步有：

$$c = -\frac{v}{L_1}\ln 0.02 \qquad (4-95)$$

表 4-5 为部分矿井实测 $c$ 值和估算 $c$ 值的对比情况，从表中可见，估算与实测吻合较好[28]。

表 4-5　部分矿井实测 $c$ 值和估算 $c$ 值的对比[28]

| 矿井名称 | 采深 /m | 回采速度 /(m/a) | 实测值 /a$^{-1}$ | 估算值区间 /a$^{-1}$ |
|---|---|---|---|---|
| 波兰上西里西亚煤田拉劲科夫煤矿 | 350 | 180 | 1.5 | 1.4～1.8 |
| 下莱茵河煤田某煤矿 | 129 | 254 | 5.5 | 5.5～6.5 |
| 新汶矿务局孙村煤矿 | 183 | 360 | 6.9 | 5.5～6.5 |
| 鹤岗矿务局富力煤矿四井 | 50 | 280 | 19 | 15.7～18.5 |
| 阜新矿务局平安煤矿新五坑 | 50 | 396 | 19.5 | 22.2～26.1 |
| 波兰下西里西亚煤田多列士煤矿 | 30 | 276 | 29 | 25.8～30.4 |
| 徐州矿务局夏桥煤矿 | 35 | 540 | 48.5 | 43.2～50.9 |

### 4.2.4　地表移动动态过程计算方法[11]

#### 4.2.4.1　动态地表移动过程的计算方法

将工作面的开采长度 $L$ 划分为 $n$ 个开采单元，地表动态移动变形值等于 $n$ 个开采单元独立动态移动变形值的叠加。如果按开采单元长度或回采时间来划分，假设开切眼处开采起始时刻为 0，第 1 个开采单元的回采时间为 $t_1$，回采速度为 $v_1$，则单元回采长度为 $v_1t_1$；第 $i$ 个开采单元的回采时间为 $t_i$，回采速度为 $v_i$，其回采长度为 $v_it_i$；设在 $t$ 时刻进行地表动态移动变形预计，则 $t$

时刻第 1 个开采单元所经历的采动时间为 $t$，第 2 个回采单元所经历的采动时间为 $t-t_1$，第 $i$ 个回采单元所经历的采动时间为 $t-\sum t_{i-1}$，则各开采单元的 Knothe 时间函数可表示为：

$$\begin{cases} \varphi(t)=1-\mathrm{e}^{-ct} \\ \varphi(t-t_1)=1-\mathrm{e}^{-c(t-t_1)} \\ \quad\cdots\cdots \\ \varphi(t-t_1-\cdots-t_i)=\varphi\left(t-\sum_1^i t_i\right)=1-\mathrm{e}^{-c\left(t-\sum_1^i t_i\right)} \end{cases} \tag{4-96}$$

$1\sim n$ 个回采单元开采引起的地表主断面上动态下沉值分别为：

$$\begin{cases} W_1(x_1,t)=W_0{}'(x_1)\varphi(t) \\ W_2(x_2,t-t_1)=W'_0(x_2)\varphi(t-t_1) \\ W_3(x_3,t-t_1-t_2)=W_0{}'(x_3)\varphi(t-t_1-t_2) \\ \quad\cdots\cdots \\ W_n(x_n,t-t_1-t_2-\cdots-t_{n-1})=W_0{}'(x_n)\varphi(t-t_1-t_2-\cdots-t_{n-1}) \end{cases}$$
$$\tag{4-97}$$

在上式中，$x_1,x_2,\cdots,x_n$ 分别为各开采单元独立坐标系的坐标。如果以开切眼处为预计地表下沉走向主断面的统一坐标原点，则各独立坐标系原点在计算坐标系中存在如下关系：第 1 个开采单元坐标原点为 0，第 2 个开采单元坐标原点为 $v_1t_1$；第 3 个开采单元坐标原点为 $v_1t_1+v_2t_2$；第 $i$ 个开采单元坐标原点为 $\sum_1^{i-1}v_it_i$；由此可通过坐标变换，将各开采单元引起的地表动态下沉值进行叠加[11]。其中：

$$\begin{cases} W_0{}'(x_1)=W(x_1)-W(x_1-v_1t_1) \\ W_0{}'(x_i)=W(x_i)-W(x_i-v_it_i) \end{cases} \tag{4-98}$$

$$W(x_i)=\frac{W_0}{2}\left[\mathrm{erf}\left(\frac{\sqrt{\pi}}{r}x_i\right)+1\right] \tag{4-99}$$

式(4-99)和式(4-98)分别为概率积分法半无限开采和有限开采的下沉计算公式，式中符号定义与概率积分法相同。

根据叠加原理，在计算坐标系中 $t$ 时刻地表移动主断面的动态下沉值为：

$$\begin{aligned} W(x,t)=&\varphi(t)\left[W(x)-W(x-v_1t_1)\right]+\varphi(t-t_1)\left[W(x-v_1t_1)-\right.\\ &\left.W(x-v_1t_1-v_2t_2)\right]+\varphi(t-t_1-t_2)\left[W(x-v_1t_1-v_2t_2)-\right.\\ &\left.W(x-v_1t_1-v_2t_2-v_3t_3)\right]+\cdots+\varphi(t-t_1-t_2-\cdots-t_{n-1})\\ &\left[W(x-v_1t_1-v_2t_2-\cdots-v_{n-1}t_{n-1})-W(x-v_1t_1-v_2t_2-\cdots-v_nt_n)\right] \end{aligned}$$
$$\tag{4-100}$$

如果在整个回采过程中工作面的推进速度保持不变,即 $v_1 = v_2 = \cdots = v_n$,则各回采单元的回采时间相等,即 $t_1 = t_2 = \cdots = t_n$,则式(4-100)可改成如下形式:

$$W(x,t) = \varphi(t)[W(x) - W(x - v_1 t_1)] + \varphi(t - t_1)[W(x - v_1 t_1) - W(x - 2v_1 t_1)] + \varphi(t - 2t_1)[W(x - 2v_1 t_1) - W(x - 3v_1 t_1)] + \cdots + \varphi[t - (n-1)t_1]\{W[x - (n-1)v_1 t_1] - W(x - nv_1 t_1)\}$$

$$(4\text{-}101)$$

在上式计算中,应注意如果预计时刻 $t = t_1 + t_2 + \cdots + t_i$,则表示第 $i + 1$ 至第 $n$ 个单元尚未回采;如果 $t > t_1 + t_2 + \cdots + t_n$,则表示预计的是整个工作面停采后 $t - (t_1 + t_2 + \cdots + t_n)$ 时刻的动态下沉值。

由 $t$ 时刻地表移动主断面的动态下沉,可得 $t$ 时刻地表移动主断面的动态水平移动、动态倾斜、动态曲率和动态水平变形计算公式分别如下:

$$i(x,t) = \varphi(t)[i(x) - i(x - v_1 t_1)] + \varphi(t - t_1)[i(x - v_1 t_1) - i(x - v_1 t_1 - v_2 t_2)] + \varphi(t - t_1 - t_2)[i(x - v_1 t_1 - v_2 t_2) - i(x - v_1 t_1 - v_2 t_2 - v_3 t_3)] + \cdots + \varphi(t - t_1 - t_2 - \cdots - t_{n-1}) [i(x - v_1 t_1 - v_2 t_2 - \cdots - v_{n-1} t_{n-1}) - i(x - v_1 t_1 - v_2 t_2 - \cdots - v_n t_n)]$$

$$(4\text{-}102)$$

$$K(x,t) = \varphi(t)[K(x) - K(x - v_1 t_1)] + \varphi(t - t_1) [K(x - v_1 t_1) - K(x - v_1 t_1 - v_2 t_2)] + \varphi(t - t_1 - t_2) [K(x - v_1 t_1 - v_2 t_2) - K(x - v_1 t_1 - v_2 t_2 - v_3 t_3)] + \cdots + \varphi(t - t_1 - t_2 - \cdots - t_{n-1})[K(x - v_1 t_1 - v_2 t_2 - \cdots - v_{n-1} t_{n-1}) - K(x - v_1 t_1 - v_2 t_2 - \cdots - v_n t_n)]$$

$$(4\text{-}103)$$

$$U(x,t) = \varphi(t)[U(x) - U(x - v_1 t_1)] + \varphi(t - t_1)[U(x - v_1 t_1) - U(x - v_1 t_1 - v_2 t_2)] + \varphi(t - t_1 - t_2) [U(x - v_1 t_1 - v_2 t_2) - U(x - v_1 t_1 - v_2 t_2 - v_3 t_3)] + \cdots + \varphi(t - t_1 - t_2 - \cdots - t_{n-1})[U(x - v_1 t_1 - v_2 t_2 - \cdots - v_{n-1} t_{n-1}) - U(x - v_1 t_1 - v_2 t_2 - \cdots - v_n t_n)]$$

$$(4\text{-}104)$$

$$\varepsilon(x,t) = \varphi(t)[\varepsilon(x) - \varepsilon(x - v_1 t_1)] + \varphi(t - t_1) [\varepsilon(x - v_1 t_1) - \varepsilon(x - v_1 t_1 - v_2 t_2)] + \varphi(t - t_1 - t_2) [\varepsilon(x - v_1 t_1 - v_2 t_2) - \varepsilon(x - v_1 t_1 - v_2 t_2 - v_3 t_3)] + \cdots + \varphi(t - t_1 - t_2 - \cdots - t_{n-1})[\varepsilon(x - v_1 t_1 - v_2 t_2 - \cdots - v_{n-1} t_{n-1}) - \varepsilon(x - v_1 t_1 - v_2 t_2 - \cdots - v_n t_n)]$$

$$(4\text{-}105)$$

在式(4-102)、式(4-103)、式(4-104)、式(4-105)中:

$$\begin{cases} i(x) = \dfrac{W_0}{r} e^{-\pi \frac{x^2}{r^2}} \\[3mm] K(x) = -\dfrac{2\pi W_0}{r^3} x e^{-\pi \frac{x^2}{r^2}} \\[3mm] U(x) = bri(x) \\[3mm] \varepsilon(x) = brk(x) \end{cases} \tag{4-106}$$

### 4.2.4.2　开采单元的划分

根据前节建立的动态预计方法在进行地表移动预计时,需要将工作面划分成一定大小的单元。单元划分得好坏直接影响计算结果,单元划分大,则不能反映地表动态移动过程,计算精度低,且有可能产生动态移动变形的不连续;如果单元划分过密,将增加计算工作量,影响计算速度。

（1）有效分割尺寸法

为了选择合理的尺寸,对如下的例子进行了模拟实验。已知:采长为 188 m,采宽为 250 m,采深为 510 m,最大下沉值为 1.2 m,主要影响角正切为 2.5,水平移动系数为 0.25,最大下沉角为 85°。当 $t \to +\infty$ 时,将采空区分割成 $A_i = 0.1H \times 0.1H$ 的开采单元,所得近似解和精确解见表 4-6。

表 4-6　近似解与精确解对比　　　　　　单位：mm/m

| 点号 | $\varepsilon_{x 精}$ | $\varepsilon_{x 近}$ | $\varepsilon_{y 精}$ | $\varepsilon_{y 近}$ |
|---|---|---|---|---|
| 1 | $-0.37$ | $-0.34$ | 1.76 | 1.69 |
| 2 | $-0.55$ | $-0.51$ | 1.82 | 1.86 |
| 3 | $-0.62$ | $-0.57$ | 1.91 | 1.89 |
| 4 | $-1.07$ | $-1.02$ | 1.62 | 1.65 |
| 5 | $-1.93$ | $-1.88$ | $-0.06$ | $-0.02$ |
| 6 | $-2.57$ | $-2.55$ | $-2.01$ | $-1.98$ |
| 7 | $-2.63$ | $-2.66$ | $-3.26$ | $-3.27$ |
| 8 | $-2.29$ | $-2.37$ | $-3.09$ | $-3.15$ |
| 9 | $-1.81$ | $-1.88$ | $-2.34$ | $-2.44$ |
| 10 | $-1.25$ | $-1.28$ | $-1.31$ | $-1.36$ |
| 11 | $-0.70$ | $-0.73$ | $-0.24$ | $-0.25$ |
| 12 | $-0.27$ | $-0.28$ | 0.51 | 0.54 |
| 13 | $-0.20$ | $-0.20$ | 0.66 | 0.70 |
| 14 | $-0.09$ | $-0.09$ | 0.80 | 0.84 |

实验结果表明,按此分割叠加完全能满足工程实际精度的要求。实际应用中,可按 $A_i=0.1H_{min}\times0.1H_{min}$ 进行分割,$H_{min}$ 为工作面的最小采深。

由于实际地质采矿条件的复杂性,尽管实验分析获得了满足工程精度要求的结果,但其实际应用的有效性仍有待于实践检验。特别注意的是,当 $t\rightarrow+\infty$ 时的计算结果应是移动稳定后的变形值,而不是移动过程中的动态值。

（2）周期来压步距法

① 覆岩断裂与周期来压的关系

当地下开采的采空区刚形成且不大的时候,煤层顶板呈悬露状态,顶板以梁（或板）的形式支撑着上覆岩体的重力作用,保持着应力场的平衡,此时覆岩的力学结构属于典型的梁（或板）式平衡结构。随着工作面的推进,顶板跨度不断增大,当基本顶岩层中正应力达到该类岩石的极限抗拉强度时,基本顶在该处拉裂,断裂时的极限跨距为:

$$L_t=h\sqrt{\frac{2R_t}{q}} \qquad (4-107)$$

式中 $h$——基本顶厚度;

$R_t$——抗拉强度;

$q$——上覆岩层均布载荷。

由于基本顶第一次断裂失稳而产生的工作面顶板来压称为基本顶的初次来压,由开切眼到初次来压时工作面推进的距离称为基本顶的初次来压步距。初次来压步距与基本顶岩层的力学性质、厚度、破坏岩块之间咬合条件等有关,一般情况下为 $20\sim35$ m,个别矿区可达 $50\sim70$ m 甚至更大。周期来压时,工作面顶板的下沉速度往往急剧增高。

在基本顶初次来压后,随着工作面的继续推进,岩层将始终经历"破断失稳→稳定→再失稳"的变化,呈现出周而复始的过程。结构的失稳导致工作面顶板的来压,这种来压也随工作面推进周期性出现,称为工作面顶板的周期来压。周期来压的主要表现形式为顶板下沉速度急剧增加、顶板下沉量变大等。周期来压步距通常可按基本顶的悬臂式折断来确定:

$$L_1=h\sqrt{\frac{R_t}{3q}} \qquad (4-108)$$

与基本顶初次断裂时的极限跨距相比,周期来压步距减小了 2.45 倍。

② 覆岩断裂与地表移动的关系

当地下煤层采出后,采空区直接顶板岩层在自重力及其上覆岩层的作用下,产生向下的移动和弯曲。当其内部拉应力超过岩层的抗拉强度时,直接顶板首先断裂、破碎、冒落,而基本顶岩层以梁或悬臂梁弯曲的形式沿层理面法线方向移动、弯曲,进而产生断裂、离层。随着工作面的推进,采动影响逐步向上覆岩层传播,受采动影响的岩层范围不断扩大,当开采范围达到一定程度时,采动影响发展到地表,在地表形成一个比采空区大得多的下沉盆地,而在上覆岩层内部则形成了垮落带、断裂带和弯曲带。图 4-9 所示为相似材料模拟实验中上覆岩层随工作面推进的周期性垮落[13]。

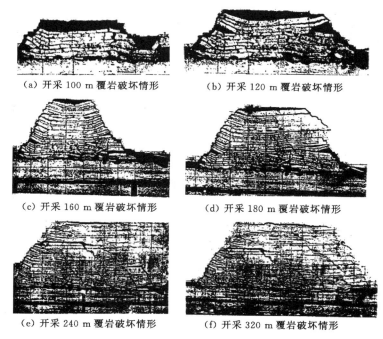

(a) 开采 100 m 覆岩破坏情形　　　　　(b) 开采 120 m 覆岩破坏情形

(c) 开采 160 m 覆岩破坏情形　　　　　(d) 开采 180 m 覆岩破坏情形

(e) 开采 240 m 覆岩破坏情形　　　　　(f) 开采 320 m 覆岩破坏情形

图 4-9　上覆岩层随工作面推进周期性垮落相似材料模拟实验照片

③ 开采单元划分的周期来压步距法

从覆岩断裂与矿山压力显现及地表移动之间的关系中,可以得出采场的周期来压是基本顶周期性断裂的结果,而基本顶的周期性断裂向上覆岩层的扩展将引起上覆岩层的断裂破坏,产生移动和变形,最终在地表形成下沉盆地。该下沉盆地随覆岩的周期性断裂而不断发展。因此,根据叠加原理进行地表动态移动变形预计时,开采单元划分的合理尺寸取决于采场周期来压步距,我们称之为开采单元划分的周期来压步距法。由此可建立采场矿压、覆岩移动断裂与地表沉陷的统一模型。

### 4.2.5 小结

基于 Knothe 时间函数和概率积分预计方法建立了地下开采引起的地表移动动态过程的计算方法,概率积分方法在我国大多数矿区都有较完整的岩层与地表移动参数,本书建立的动态过程预计方法所用参数仅比概率积分方法多一个与上覆岩层力学性质有关的时间因素影响系数,因此在实际应用中较为方便。详细分析了单、双参数时间函数的特点及其局限性,讨论了时间影响系数的确定方法;针对无现场实测资料的情况,提出了确定时间影响系数的区间估算法。从地表移动变形与矿山压力显现是采动上覆岩层断裂破坏的必然结果出发,提出了预计地表动态移动和变形时,开采单元划分的新方法——周期来压步距法。

# 4.3 动态地表移动预计方法的实例验证

### 4.3.1 1176 东工作面观测站实测资料分析[11]

#### 4.3.1.1 地质采矿条件

1176 东工作面走向长 990 m,倾斜长 160 m,开采厚度为 2.9 m,煤层倾角平均为 8°。该工作面地面标高为 +19.3 m,工作面平均标高为 -450 m,平均开采深度为 464 m,工作面月平均推进速度为 120~150 m。该面从 2013 年 3 月开始回采,至 2014 年 3 月结束。

#### 4.3.1.2 地面观测站概况

1176 东工作面观测站东线沿马路布设,共 30 个测点,观测站的井上、下对照图如图 4-10 所示。

2013 年 4 月,对测点进行了全面观测和水准测量,观测方法和精度要求按《煤矿测量规程》执行。在地表下沉过程中连续进行了 13 次观测。观测的时间下沉曲线如图 4-11 所示,比较 2014 年 6 月 12 日与 2014 年 9 月 14 日的下沉观测结果,二者互差不超过 30 mm,根据《煤矿测量规程》的规定,累计 6 个月内地表下沉不超过 30 mm,则认为地表移动停止,终态最大下沉值为 1 624 mm。

由于该工作面开采为走向充分采动,倾向非充分采动,其下沉率为 0.55。根据《建筑物、水体、铁路及主要井巷煤柱留设与压煤开采规范》中下沉系数与回采区尺寸关系,可推得充分采动时的下沉系数 $q=0.73$,主要影响角正切

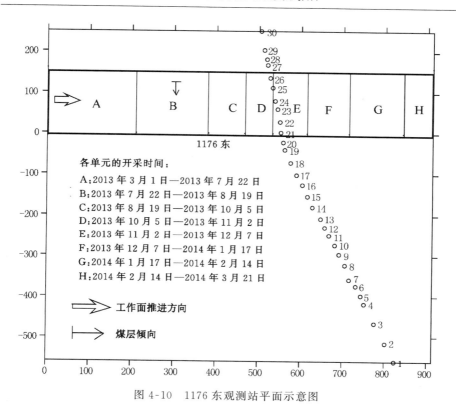

图 4-10　1176 东观测站平面示意图

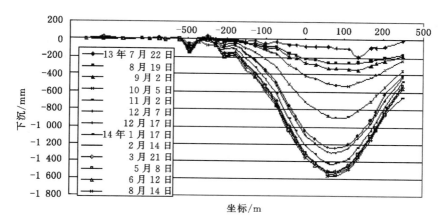

图 4-11　观测时间下沉曲线

$\tan \beta = 1.9$,开采影响传播角 $\theta = 90° - 0.7\alpha$,拐点偏移距 $s = 0.05H$。

现选取 1176 东工作面正上方的 23# 点,绘制的时间—下沉曲线如图 4-12 所示,该图表明地表 23# 点从受采动影响开始到移动稳定时的持续时间约为 1 年。与之相对应的工作面位置-下沉发展曲线如图 4-13 所示,这与英国煤炭管理局提供的典型下沉发展曲线基本吻合。

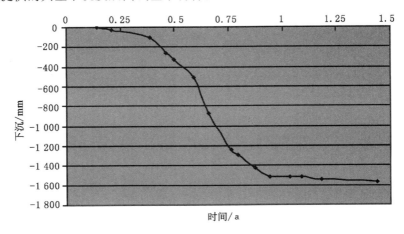

图 4-12　23# 点时间-下沉曲线

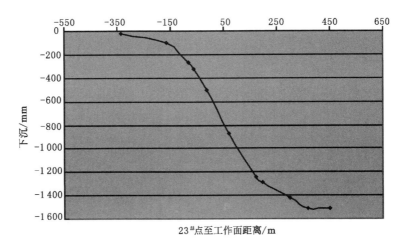

图 4-13　23# 点至工作面不同距离时的下沉曲线

### 4.3.2　1176 东工作面观测站的模拟计算与分析[11]

1176 东工作面实测平均周期来压步距约为 15 m,平均采深为 464 m,工作面年平均推进速度为 1 500 m,根据式(4-94)可知:

$$-\frac{v\ln 0.02}{1.4H_0} \leqslant c \leqslant -\frac{v\ln 0.02}{1.2H_0} \tag{4-109}$$

计算可得与岩性相关的时间因素影响系数为 $9.03 \leqslant c \leqslant 10.54$,计算中取 $c = 9.4$。按照前述分析的结果和方法,对 1176 东工作面观测站的观测结果进行了模拟计算。计算的时间-下沉曲线如图 4-14 所示。各次观测下沉与计算下沉的对比曲线如图 4-15 所示,观测下沉和预计结果吻合较好。

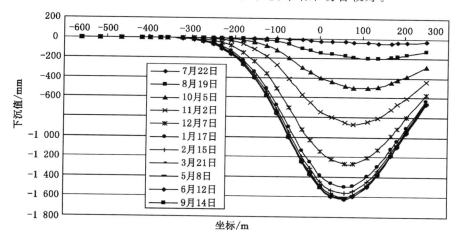

图 4-14　预计下沉曲线图

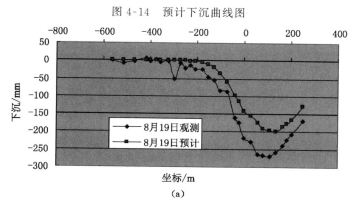

(a)

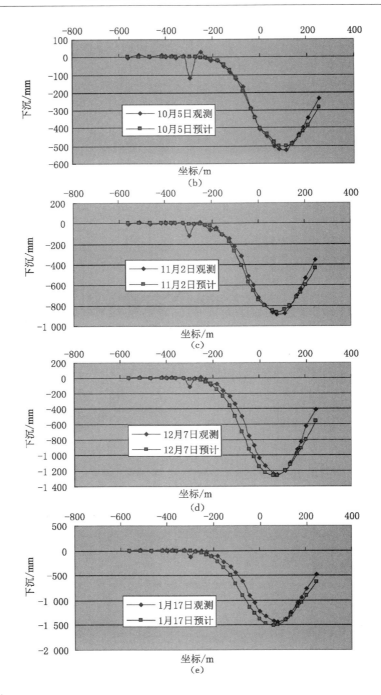

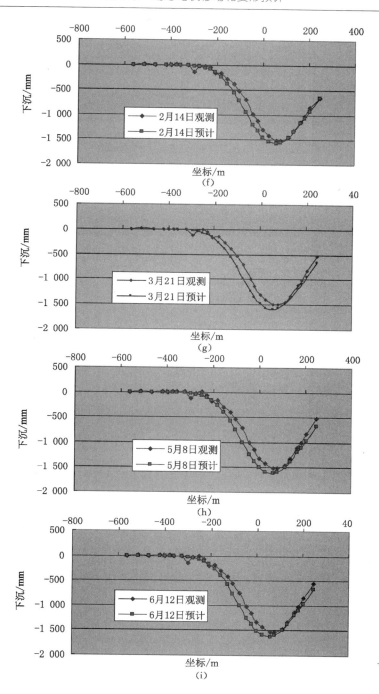

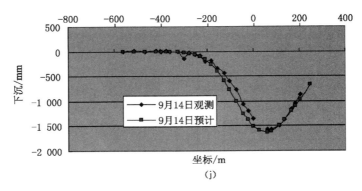

图 4-15　各次观测下沉曲线对比图

现不考虑观测误差,且假定观测线上任意一点的预计误差相同,则预计的中误差可用白塞尔公式计算:

$$m = \pm \sqrt{\frac{[dd]}{n-1}} \qquad (4\text{-}110)$$

式中,$d$ 是各点预计下沉值与观测下沉值之差;[]表示求平方和。预计的相对误差为:

$$f = \frac{|m|}{W_0^i} \qquad (4\text{-}111)$$

式中,$m$ 为中误差;$W_0^i$ 为各次观测的最大下沉值。预计下沉值的精度分析结果见表 4-7。分析结果表明,预计下沉值最大中误差为 $\pm 125\ \text{mm}$,最大相对误差为 16.7%,相对误差平均为 8%。工作面正上方 $23^{\#}$ 点的预计时间-下沉典型曲线与观测结果吻合良好,如图 4-16 所示。

表 4-7　观测站测点预计下沉值精度分析　　　　　单位:mm

| 点号 | 分类 | 2013.8.19 | 2013.10.5 | 2013.11.2 | 2013.12.7 | 2014.1.17 | 2014.2.15 | 2014.3.21 | 2014.5.8 | 2014.6.12 | 2014.9.14 |
|---|---|---|---|---|---|---|---|---|---|---|---|
| 1 | 实测 | 0 | −4 | −4 | −2 | −6 | −6 | −5 | −3 | −3 | −2 |
| | 预计 | 0 | 0 | 0 | 0 | 0 | 0 | 0 | 0 | 0 | 0 |
| | 改正数 | 0 | 4 | 4 | 2 | 6 | 6 | 5 | 3 | 3 | 2 |
| 2 | 实测 | −8 | 10 | 10 | 11 | 20 | 20 | 21 | 14 | 13 | 13 |
| | 预计 | 0 | 0 | 0 | 0 | 0 | 0 | 0 | 0 | 0 | 0 |
| | 改正数 | 8 | −10 | −10 | −11 | −20 | −20 | −21 | −14 | −13 | −13 |

表 4-7（续）

| 点号 | 分类 | 2013.8.19 | 2013.10.5 | 2013.11.2 | 2013.12.7 | 2014.1.17 | 2014.2.15 | 2014.3.21 | 2014.5.8 | 2014.6.12 | 2014.9.14 |
|---|---|---|---|---|---|---|---|---|---|---|---|
| 3 | 实测 | −2 | 1 | −2 | 1 | −2 | −10 | −2 | 0 | −1 | 0 |
| | 预计 | 0 | 0 | 0 | 0 | 0 | 0 | 0 | 0 | 0 | 0 |
| | 改正数 | 2 | −1 | 2 | −1 | 2 | 10 | 2 | 0 | 1 | 0 |
| 4 | 实测 | 5 | 10 | 7 | 9 | 2 | −3 | 7 | 9 | 6 | 8 |
| | 预计 | 0 | 0 | 0 | 0 | 0 | 0 | 0 | 0 | 0 | 0 |
| | 改正数 | −5 | −10 | −7 | −9 | −2 | 3 | −7 | −9 | −6 | −8 |
| 5 | 实测 | −3 | 0 | 0 | 2 | −1 | −5 | 2 | −2 | −5 | −3 |
| | 预计 | 0 | 0 | 0 | 0 | 0 | 0 | −1 | −1 | −1 | −1 |
| | 改正数 | 3 | 0 | 0 | −2 | 1 | 5 | −3 | 1 | −4 | 2 |
| 6 | 实测 | 3 | 7 | 6 | 16 | 8 | 12 | 6 | 11 | 2 | 4 |
| | 预计 | 0 | 0 | 0 | 0 | −1 | −1 | −2 | −2 | −2 | −2 |
| | 改正数 | −3 | −7 | −6 | −16 | −9 | −13 | −8 | −13 | −4 | −6 |
| 7 | 实测 | −5 | −2 | −1 | 2 | −1 | −7 | −3 | 2 | −7 | −3 |
| | 预计 | 0 | 0 | 0 | 0 | −2 | −2 | −3 | −4 | −4 | −4 |
| | 改正数 | 5 | 2 | 1 | −2 | −1 | 5 | 0 | −6 | 3 | −1 |
| 8 | 实测 | −2 | 6 | 4 | 5 | 2 | −12 | −3 | 3 | −10 | −6 |
| | 预计 | 0 | 0 | 0 | −2 | −7 | −9 | −10 | −11 | −11 | −11 |
| | 改正数 | 2 | −6 | −4 | −7 | −9 | 3 | −7 | −14 | −1 | −5 |
| 9 | 实测 | 测点被破坏,无正确观测结果 | | | | | | | | | |
| | 预计 | 0 | 0 | −1 | −7 | −15 | −18 | −21 | −22 | −22 | −22 |
| | 改正数 | | | | | | | | | | |
| 10 | 实测 | −7 | 1 | −4 | −2 | −9 | −28 | −20 | −18 | −34 | −30 |
| | 预计 | 0 | 0 | −3 | −13 | −28 | −33 | −37 | −39 | −39 | −39 |
| | 改正数 | 7 | −1 | 1 | −11 | −19 | −5 | −17 | −21 | −5 | −9 |
| 11 | 实测 | −20 | 31 | 14 | 14 | 1 | −26 | −14 | 2 | −14 | −70 |
| | 预计 | 0 | −2 | −8 | −27 | −51 | −60 | −66 | −68 | −69 | −69 |
| | 改正数 | 20 | −33 | −22 | −41 | −52 | −34 | −52 | −70 | −55 | −1 |

表 4-7（续）

| 点号 | 分类 | 2013.8.19 | 2013.10.5 | 2013.11.2 | 2013.12.7 | 2014.1.17 | 2014.2.15 | 2014.3.21 | 2014.5.8 | 2014.6.12 | 2014.9.14 |
|---|---|---|---|---|---|---|---|---|---|---|---|
| 12 | 实测 | −14 | −6 | −16 | −14 | −25 | −56 | −54 | −61 | −76 | −80 |
| | 预计 | 0 | −4 | −15 | −45 | −82 | −94 | −102 | −105 | −106 | −106 |
| | 改正数 | 14 | 2 | 1 | −31 | −57 | −38 | −48 | −44 | −30 | −26 |
| 13 | 实测 | −24 | −18 | −66 | −87 | −115 | −158 | −162 | −182 | −198 | −202 |
| | 预计 | −1 | −8 | −28 | −77 | −130 | −147 | −158 | −163 | −164 | −165 |
| | 改正数 | 23 | 10 | 38 | 10 | −15 | 11 | 4 | 19 | 34 | 37 |
| 14 | 实测 | −24 | −22 | −43 | −69 | −113 | −160 | −155 | −166 | −182 | −192 |
| | 预计 | −5 | −21 | −60 | −144 | −222 | −246 | −261 | −267 | −268 | −269 |
| | 改正数 | 19 | 1 | −17 | −75 | −109 | −86 | −106 | −101 | −86 | −77 |
| 15 | 实测 | −46 | −53 | −107 | −163 | −223 | −280 | −278 | −293 | −309 | −341 |
| | 预计 | −9 | −41 | −106 | −232 | −340 | −372 | −391 | −399 | −401 | −403 |
| | 改正数 | 37 | 12 | 1 | −69 | −117 | −92 | −113 | −106 | −92 | −62 |
| 16 | 实测 | −54 | −85 | −150 | −235 | −319 | −384 | −387 | −399 | −421 | −444 |
| | 预计 | −18 | −73 | −178 | −360 | −504 | −545 | −568 | −580 | −582 | −584 |
| | 改正数 | 36 | 12 | −28 | −125 | −185 | −161 | −181 | −181 | −161 | −140 |
| 17 | 实测 | −84 | −125 | −220 | −341 | −445 | −518 | −522 | −538 | −561 | −590 |
| | 预计 | −33 | −121 | −271 | −504 | −672 | −719 | −747 | −759 | −762 | −764 |
| | 改正数 | 51 | 4 | −51 | −163 | −227 | −201 | −225 | −221 | −201 | −174 |
| 18 | 实测 | −88 | −168 | −314 | −494 | −621 | −701 | −702 | −719 | −743 | −765 |
| | 预计 | −59 | −196 | −407 | −703 | −900 | −954 | −986 | −1 000 | −1 003 | −1 006 |
| | 改正数 | 29 | −28 | −93 | −209 | −279 | −253 | −284 | −281 | −260 | −241 |
| 19 | 实测 | −160 | −291 | −510 | −755 | −904 | −989 | −988 | −1 005 | −1 029 | −1 058 |
| | 预计 | −97 | −295 | −572 | −923 | −1 140 | −1 197 | −1 232 | −1 247 | −1 250 | −1 254 |
| | 改正数 | 63 | −4 | −62 | −168 | −236 | −208 | −244 | −242 | −221 | −196 |
| 20 | 实测 | −175 | −335 | −596 | −881 | −1 042 | −1 127 | −1 127 | −1 140 | −1 164 | −1 194 |
| | 预计 | −115 | −341 | −648 | −1 026 | −1 255 | −1 316 | −1 352 | −1 368 | −1 372 | −1 375 |
| | 改正数 | 60 | 6 | −52 | −145 | −213 | −189 | −225 | −228 | −208 | −181 |

表 4-7 ( 续 )

| 点号 | 分类 | 2013. 8.19 | 2013. 10.5 | 2013. 11.2 | 2013. 12.7 | 2014. 1.17 | 2014. 2.15 | 2014. 3.21 | 2014. 5.8 | 2014. 6.12 | 2014. 9.14 |
|---|---|---|---|---|---|---|---|---|---|---|---|
| 21 | 实测 | −218 | −411 | −716 | −1 042 | −1 214 | −1 304 | −1 301 | −1 312 | −1 337 | −1 365 |
|  | 预计 | −140 | −402 | −743 | −1 145 | −1 382 | −1 444 | −1 482 | −1 499 | −1 502 | −1 506 |
|  | 改正数 | 78 | 9 | −27 | −103 | −168 | −140 | −181 | −187 | −165 | −141 |
| 22 | 实测 | −230 | −449 | −790 | −1 142 | −1 321 | −1 412 | −1 410 | −1 422 | −1 442 | — |
|  | 预计 | −154 | −437 | −799 | −1 221 | −1 476 | −1 532 | −1 570 | −1 588 | −1 592 | −1 595 |
|  | 改正数 | 76 | 12 | −9 | −79 | −155 | −120 | −150 | −166 | −150 | — |
| 23 | 实测 | −264 | −503 | −870 | −1 238 | −1 421 | −1 512 | −1 507 | −1 517 | −1 540 | −1 568 |
|  | 预计 | −174 | −477 | −849 | −1 265 | −1 502 | −1 564 | −1 601 | −1 618 | −1 622 | −1 624 |
|  | 改正数 | 90 | 26 | 21 | −27 | −81 | −52 | −94 | −101 | −82 | −56 |
| 24 | 实测 | −268 | −519 | −892 | −1 249 | −1 425 | −1 515 | −1 507 | −1 515 | −1 538 | −1 564 |
|  | 预计 | −190 | −501 | −869 | −1 266 | −1 485 | −1 543 | −1 578 | −1 593 | −1 597 | −1 599 |
|  | 改正数 | 78 | 18 | 23 | 17 | −60 | −28 | −71 | −78 | −59 | −35 |
| 25 | 实测 | −269 | −524 | −877 | −1 204 | −1 366 | −1 452 | −1 443 | −1 450 | −1 473 | −1 497 |
|  | 预计 | −195 | −499 | −844 | −1 203 | −1 397 | −1 448 | −1 478 | −1 492 | −1 495 | −1 497 |
|  | 改正数 | 74 | 25 | 33 | 1 | −31 | 4 | −35 | −42 | −22 | 0 |
| 26 | 实测 | −258 | −487 | −812 | −1 098 | −1 243 | −1 324 | −1 316 | −1 318 | −1 342 | −1 366 |
|  | 预计 | −197 | −489 | −806 | −1 125 | −1 294 | −1 338 | −1 365 | −1 377 | −1 380 | −1 382 |
|  | 改正数 | 61 | −2 | 6 | −27 | −51 | −14 | −49 | −59 | −38 | −16 |
| 27 | 实测 | −240 | −434 | −701 | −926 | −1 046 | −1 132 | −1 116 | −1 110 | −1 135 | −1 155 |
|  | 预计 | −186 | −446 | −719 | −984 | −1 122 | −1 158 | −1 179 | −1 189 | −1 191 | −1 193 |
|  | 改正数 | 54 | −12 | −18 | −58 | −76 | −26 | −63 | −79 | −56 | −38 |
| 28 | 实测 | −224 | −397 | −636 | −828 | −936 | −1 024 | −1 011 | −1 000 | −1 028 | −1 045 |
|  | 预计 | −177 | −420 | −671 | −913 | −1 038 | −1 071 | −1 090 | −1 099 | −1 101 | −1 103 |
|  | 改正数 | 47 | −23 | −35 | −85 | −102 | −47 | −79 | −99 | −73 | −58 |
| 29 | 实测 | −207 | −344 | −534 | −621 | −766 | −853 | −833 | −821 | −847 | −863 |
|  | 预计 | −167 | −385 | −601 | −803 | −905 | −932 | −948 | −955 | −957 | −958 |
|  | 改正数 | 40 | −41 | −67 | −182 | −139 | −79 | −115 | −134 | −110 | −95 |

表 4-7(续)

| 点号 | 分类 | 2013.8.19 | 2013.10.5 | 2013.11.2 | 2013.12.7 | 2014.1.17 | 2014.2.15 | 2014.3.21 | 2014.5.8 | 2014.6.12 | 2014.9.14 |
|---|---|---|---|---|---|---|---|---|---|---|---|
| 30 | 实测 | −168 | −235 | −352 | −417 | −475 | −656 | −539 | −523 | −552 | — |
| | 预计 | −128 | −285 | −432 | −565 | −631 | −648 | −659 | −664 | −665 | −665 |
| | 改正数 | 40 | −50 | −80 | −148 | −156 | 8 | −100 | −141 | −113 | — |
| 中误差 | | ±45 | ±18 | ±36 | ±91 | ±123 | ±99 | ±121 | ±125 | ±110 | ±94 |
| 相对误差 | | 16.7% | 2.0% | 4.0% | 6.4% | 8.6% | 6.5% | 8% | 8% | 7% | 6% |

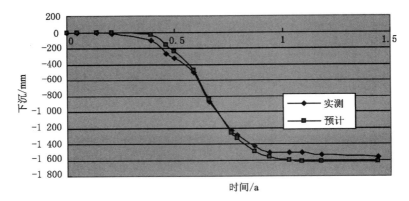

图 4-16　23# 点实测与预计下沉曲线对比

### 4.3.3　小结

根据 1176 东工作面的地质采矿条件,估算出了时间参数的取值范围,利用现场实测的周期来压步距和本书所建立的动态地表移动和变形预计的模型,对阳泉矿 1176 东工作面进行了模拟计算,并与实测资料进行了对比分析,结果表明,观测线上实测下沉曲线与预计下沉曲线吻合良好,预计下沉值最大中误差为 ±125 mm,最大相对误差为 16.7%,平均为 8%。由此可证明,所建立的地表动态移动变形计算方法、时间参数确定方法和开采单元划分方法是可行的。

# 第 5 章　回采速度与时间影响系数 对地表动态移动变形规律的影响

　　国外的研究表明,地表点的下沉速度与采煤工作面的推进速度近似成比例,采煤工作面推进速度越快,下沉盆地越平缓。国外有学者认为,伴随工作面推进过程中的拉伸变形是对建筑物有重要影响的量,地表动态下沉盆地的最大动态变形值小于静态变形值,并且最大动态变形值将会随工作面推进速度的增大而减小。我国在峰峰、焦作、鹤壁、枣庄等矿区的实际观测资料也表明[44],实测最大动态变形值小于静态变形值,动、静态倾斜比值最大为89.1%,最小为20.6%;动、静态曲率比值最大为74.7%,最小为25.4%;动、静态水平变形比值最大为87.5%,最小为37.4%。观测资料最大动、静态变形比值在各矿区变化较大,说明最大动态变形值与地质采矿条件密切相关。为此,应用本书所建立的动态预计方法,就回采速度和时间影响系数对动态移动变形规律的影响进行研究[44]。

## 5.1　工作面推进速度对地表动态移动和变形规律的影响

　　为讨论方便,假设开采工作面倾向已达到充分采动,走向长为 360 m,开采深度 $H = 100$ m,开采厚度 $m = 3.0$ m,煤层倾角 $\alpha = 0°$,用全部垮落法管理顶板。已知该矿区概率积分法预计参数的经验值为:下沉系数 $q = 0.7$,主要影响角正切值 $\tan \beta = 2$,拐点偏移距 $S_0 = 0$,水平移动系数 $b = 0.3$,计算步距为 20 m。取与岩性相关的时间因素影响系数 $c = 9.4/a$,当工作面推进速度 $v$ 分别为:1 m/d、1.5 m/d、2 m/d、2.5 m/d、3 m/d、3.5 m/d 时,地表动态下沉发展过程曲线如图 5-1～图 5-6 所示;动态倾斜曲线发展过程如图 5-7～图 5-12 所示;动态曲率发展过程如图 5-13～图 5-18 所示;动态水平移动发展过程如图 5-19～图 5-24 所示;动态水平变形发展过程如图 5-25～图 5-29 所示。

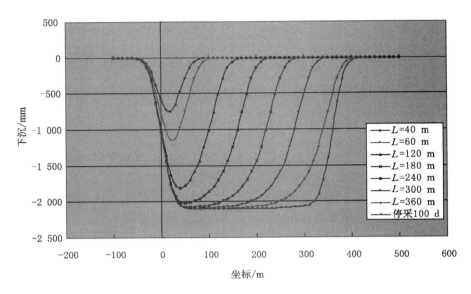

图 5-1 $v=1.0$ m/d 时的动态下沉曲线图

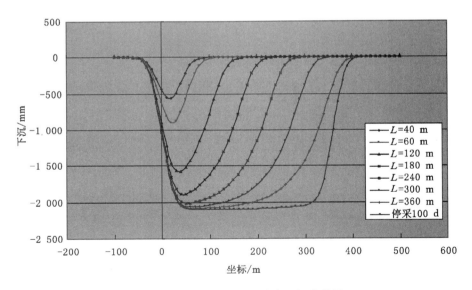

图 5-2 $v=1.5$ m/d 时的动态下沉曲线图

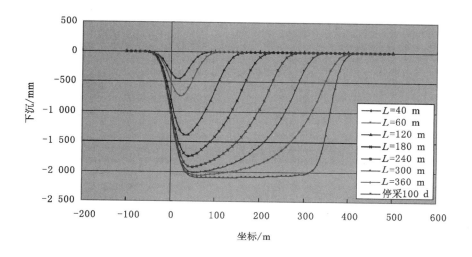

图 5-3　$v = 2.0$ m/d 时的动态下沉曲线图

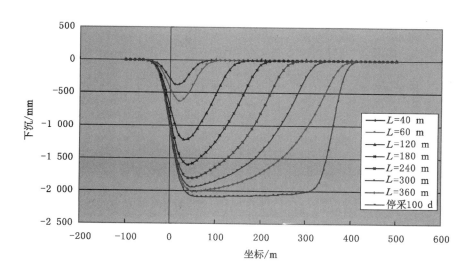

图 5-4　$v = 2.5$ m/d 时的动态下沉曲线图

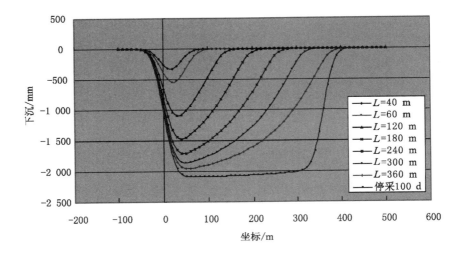

图 5-5　$v = 3.0$ m/d 时的动态下沉曲线图

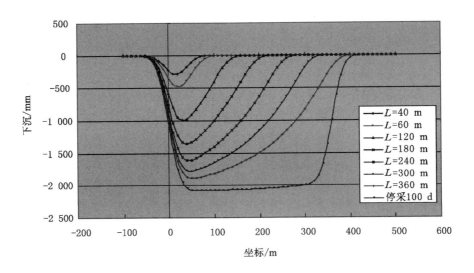

图 5-6　$v = 3.5$ m/d 时的动态下沉曲线图

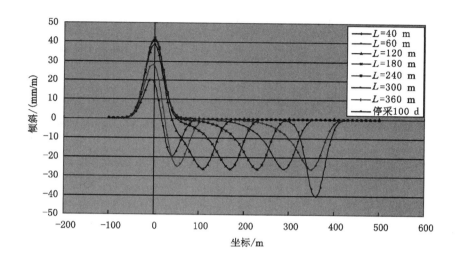

图 5-7　$v=1.0$ m/d 时的动态倾斜曲线图

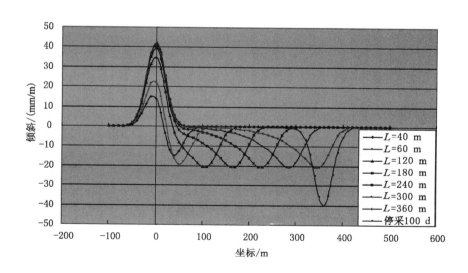

图 5-8　$v=1.5$ m/d 时的动态倾斜曲线图

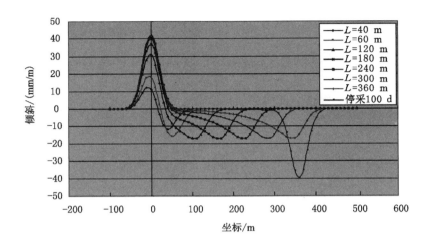

图 5-9　$v=2.0$ m/d 时的动态倾斜曲线图

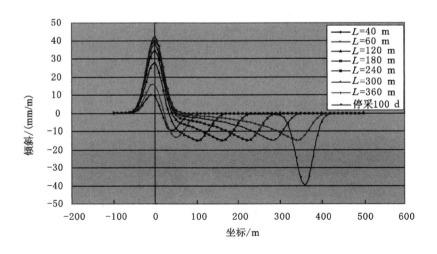

图 5-10　$v=2.5$ m/d 时的动态倾斜曲线图

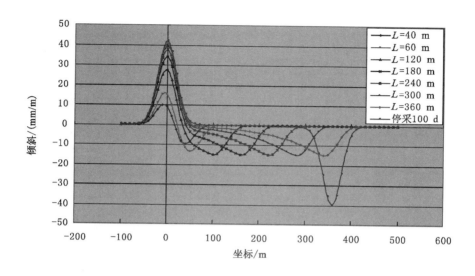

图 5-11　$v = 3.0$ m/d 时的动态倾斜曲线图

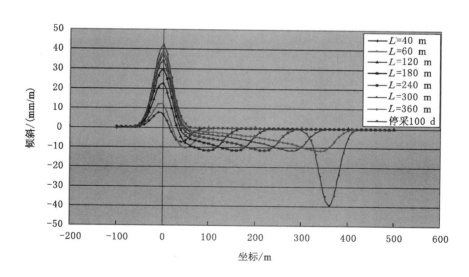

图 5-12　$v = 3.5$ m/d 时的动态倾斜曲线图

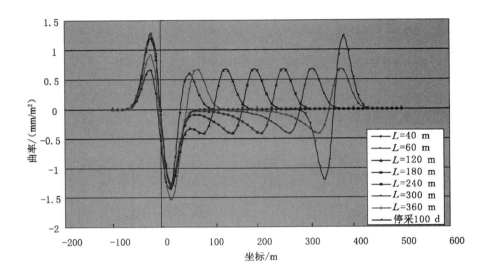

图 5-13 $v=1.0$ m/d 时的动态曲率曲线图

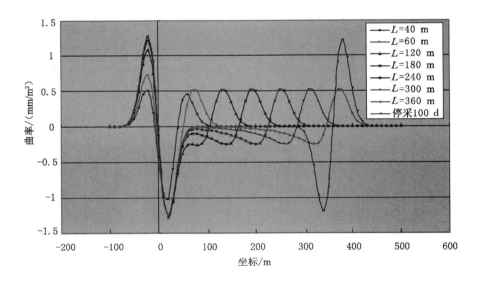

图 5-14 $v=1.5$ m/d 时的动态曲率曲线图

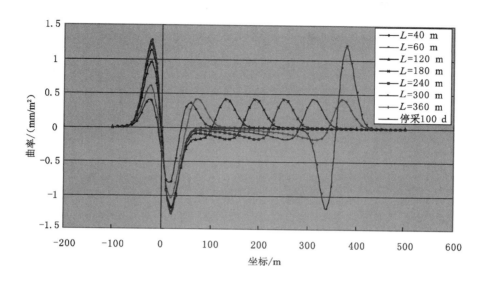

图 5-15　$v=2.0$ m/d 时的动态曲率曲线图

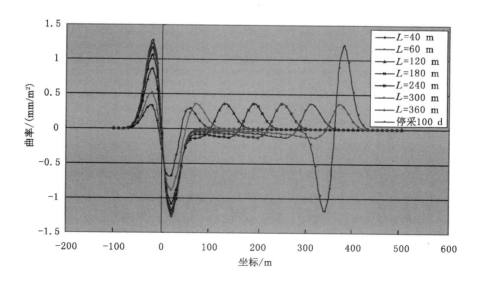

图 5-16　$v=2.5$ m/d 时的动态曲率曲线图

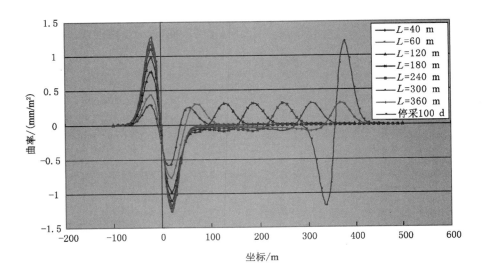

图 5-17 $v=3.0$ m/d 时的动态曲率曲线图

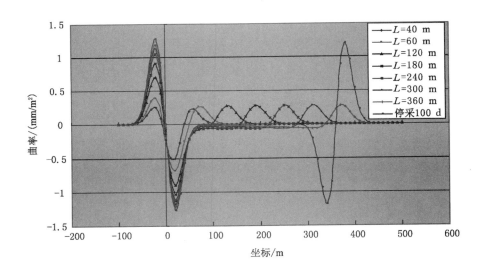

图 5-18 $v=3.5$ m/d 时的动态曲率曲线图

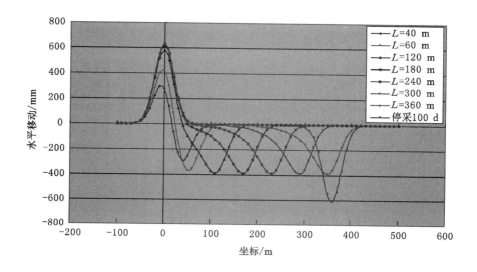

图 5-19　$v=1.0$ m/d 时的动态水平移动曲线图

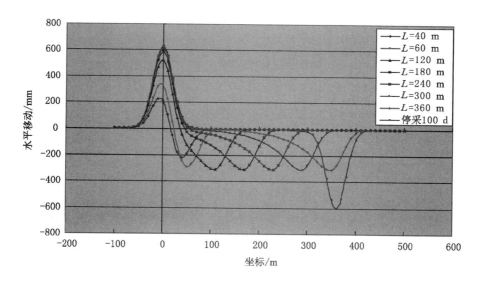

图 5-20　$v=1.5$ m/d 时的动态水平移动曲线图

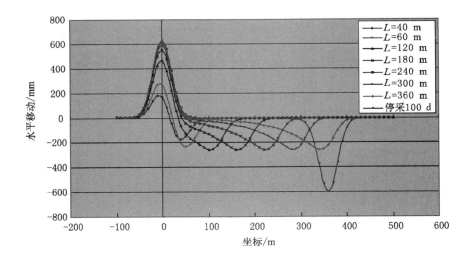

图 5-21　$v$＝2.0 m/d 时的动态水平移动曲线图

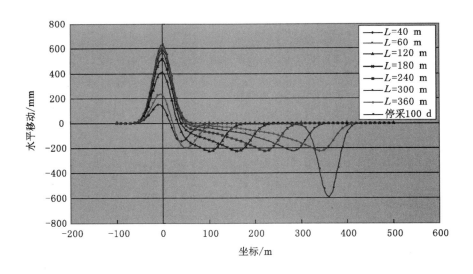

图 5-22　$v$＝2.5 m/d 时的动态水平移动曲线图

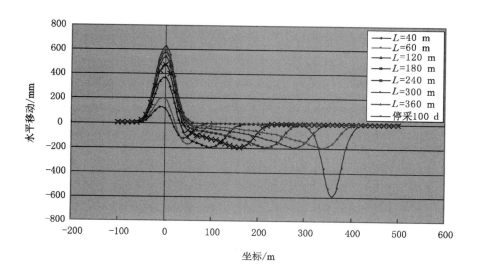

图 5-23　$v = 3.0$ m/d 时的动态水平移动曲线图

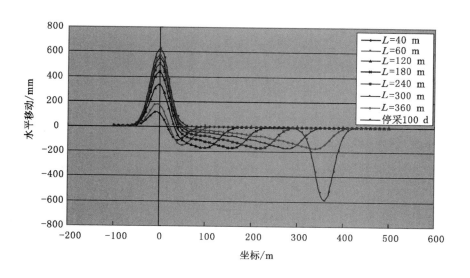

图 5-24　$v = 3.5$ m/d 时的动态水平移动曲线图

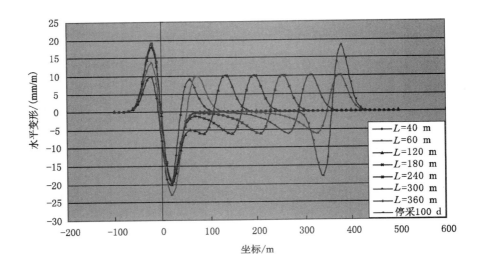

图 5-25　$v＝1.0$ m/d 时的动态水平变形曲线图

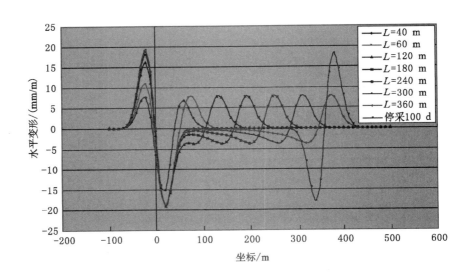

图 5-26　$v＝1.5$ m/d 时的动态水平变形曲线图

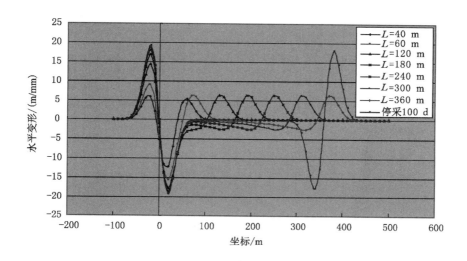

图 5-27　$v=2.0$ m/d 时的动态水平变形曲线图

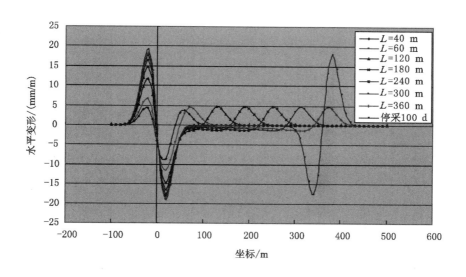

图 5-28　$v=3.0$ m/d 时的动态水平变形曲线图

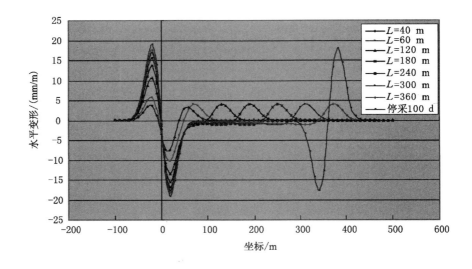

图 5-29　$v=3.5$ m/d 时的动态水平变形曲线图

　　由上面动态下沉曲线图可以得出：动态下沉分布随着开采宽度的增大而变化。开采宽度较小时呈近似对称分布，随着开采宽度的增大，非对称性越来越明显，最大下沉值随开采宽度的增加而增大。从不同推进速度的下沉曲线可以看出，随着工作面推进速度的增大，下沉曲线趋于平缓，迟缓下沉增大。当工作面推进速度为 1.0 m/d 时，最大迟缓下沉为 700 mm，占静态最大下沉值的 33％；当工作面推进速度达到 2.0 m/d 时，最大迟缓下沉为 1 000 mm，占静态最大下沉值的 48％；当工作面推进速度达到 3.5 m/d 时，最大迟缓下沉达到 1 300 mm，占静态最大下沉值的 62％。相应的地表下沉盆地的移动时间从 1.3 a（工作面推进速度为 1.0 m/d）缩减到 0.6 a（工作面推进速度达到 3.5 m/d）。

　　从地表倾斜曲线可以看出，地表下沉盆地靠开切眼一侧向工作面方向倾斜，最大倾斜值随着工作面的推进而增大，直到达到静态极限值；靠近工作面一侧地表向开切眼方向倾斜，最大倾斜值随着工作面推进而逐渐增大至动态极限值，但小于开切眼一侧的倾斜值，呈非对称分布。工作面停采后，停采线一侧的倾斜值继续增大，趋近于静态最大倾斜值。随着工作面推进速度的增大，工作面一侧最大动态倾斜值逐渐减小。当工作面推进速度

$v$ 分别为 1 m/d、1.5 m/d、2 m/d、2.5 m/d、3 m/d、3.5 m/d 时,最大动态倾斜分别为 25.9 mm/m、20.6 mm/m、17.2 mm/m、14.8 mm/m、13.0 mm/m、11.6 mm/m,与最大静态倾斜比值分别为 0.62、0.49、0.41、0.35、0.31 和 0.28。

采宽较小时,开切眼后方和工作面前方各有一正曲率区。开切眼前方和工作面后方为负曲率区。开切眼后方的最大正曲率值,随开采宽度的增加而增大,最后趋近于静态最大曲率值。开切眼前方最大负曲率值,先是随开采宽度的增加而增大,可达到静态最大负曲率值的 2 倍,后又减小到静态充分采动的最大负曲率值。工作面前、后方的最大正、负曲率值,随开采宽度的增加而增大。当开采宽度达到充分采动条件时,趋于动态极限值。负曲率的范围大于正曲率的范围,最大负曲率值小于最大正曲率值,最大正曲率值位于工作面前方 0.2$r$ 处。工作面停采后,最大动态正、负曲率值逐渐达到静态最大值。随着回采速度的增大,最大动态正曲率值和最大负曲率值逐渐减小。当工作面推进速度 $v$ 分别为 1 m/d、1.5 m/d、2 m/d、2.5 m/d、3 m/d、3.5 m/d 时,最大动态正曲率与最大静态曲率比值分别为 0.52、0.40、0.33、0.26、0.24、0.21;最大动态负曲率的绝对值与最大静态曲率比值分别为 0.32、0.20、0.13、0.09、0.07、0.06。

在工作面推进过程中,其水平移动变化规律与倾斜变化规律基本相似。在走向剖面上,地表下沉盆地靠开切眼一侧最大水平移动值较大,靠工作面一侧最大水平移动值较小。开切眼一侧的最大水平移动值,随着开采宽度的增加而增大。当采宽 $L$ 足够大,趋近于静态充分采动的最大水平移动值 630 mm。工作面一侧的最大水平移动值亦随采宽的增加而增大。当采宽达到动态充分采动条件时,趋于一极限值。随着工作面推进速度的增大,工作面一侧的最大水平移动值减小。当推进速度 $v=1.0$ m/d 时,工作面一侧的最大动态水平移动值为静态最大水平移动值的 62%;而当 $v=3.5$ m/d 时,工作面一侧最大动静态水平移动比值为 28%。

分析工作面不同时的动态地表移动和变形结果可以得出:

(1)在开切眼一侧,地表动态下沉盆地的最大动态移动和变形值是随着工作面的推进而增大的。工作面推进速度 $v=2.0$ m/d,工作面不同推进位置的最大动、静态移动和变形比值见表 5-1,如图 5-30 所示。

表 5-1　$v=2$ m/d 时开切眼一侧最大动、静态移动和变形比值

| $L$/m | $W_动/W_静$ | $i_动/i_静$ | $k_动/k_静$ | $U_动/U_静$ | $\varepsilon_动/\varepsilon_静$ |
|---|---|---|---|---|---|
| 40 | 0.215 7 | 0.288 8 | 0.312 9 | 0.288 8 | 0.312 9 |
| 60 | 0.353 2 | 0.430 6 | 0.468 6 | 0.430 6 | 0.468 6 |
| 120 | 0.659 7 | 0.737 5 | 0.755 1 | 0.737 5 | 0.755 1 |
| 180 | 0.830 6 | 0.879 3 | 0.887 3 | 0.879 3 | 0.887 3 |
| 240 | 0.916 9 | 0.944 7 | 0.948 4 | 0.944 7 | 0.948 4 |
| 300 | 0.959 1 | 0.975 | 0.976 7 | 0.975 | 0.976 6 |
| 360 | 0.981 4 | 0.988 9 | 0.989 7 | 0.988 9 | 0.989 7 |
| 停采 100 d | 1 | 1 | 1 | 1 | 1 |

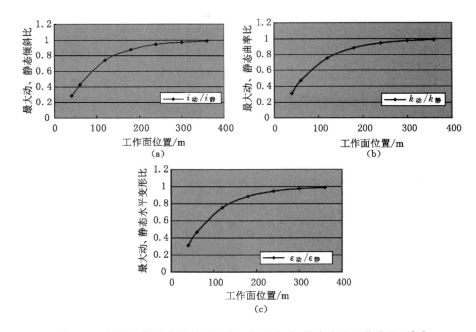

图 5-30　不同工作面位置时开切眼一侧最大动、静态变形比值曲线图[44]

（2）在稳定推进过程中，当工作面推进速度小时，最大动态移动和变形值较大，随着推进速度的增大，最大动态移动和变形值在减小。不同推进速度的最大动、静态移动和变形比值见表 5-2，如图 5-31 所示。

表 5-2　不同推进速度的最大动、静态地表移动和变形比值[44]

| $v/(\text{m/d})$ | $(-)i_{\text{max}动}/i_{\text{max}静}$ | $(+)k_{\text{max}动}/k_{\text{max}静}$ | $(-)k_{\text{max}动}/k_{\text{max}静}$ | $(+)\varepsilon_{\text{max}动}/\varepsilon_{\text{max}静}$ | $(-)\varepsilon_{\text{max}动}/\varepsilon_{\text{max}静}$ |
|---|---|---|---|---|---|
| 1 | 0.617 3 | 0.517 1 | 0.314 6 | 0.517 1 | 0.314 6 |
| 1.5 | 0.489 0 | 0.404 4 | 0.195 7 | 0.404 3 | 0.195 6 |
| 2 | 0.409 9 | 0.331 6 | 0.131 8 | 0.331 6 | 0.131 8 |
| 2.5 | 0.353 1 | 0.260 1 | 0.093 7 | 0.260 1 | 0.093 7 |
| 3 | 0.309 1 | 0.242 5 | 0.071 1 | 0.242 5 | 0.071 2 |
| 3.5 | 0.275 2 | 0.213 6 | 0.055 9 | 0.213 6 | 0.055 8 |

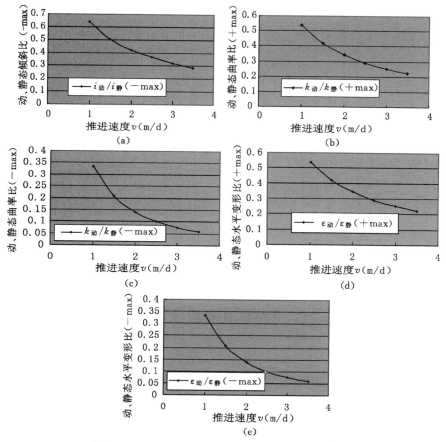

图 5-31　不同推进速度最大动、静态变形比曲线图

经过分析和拟合计算,工作面稳定推进过程中回采速度与最大动、静态变形比值有如下关系[44]:

$$
\begin{cases}
\dfrac{i_{\text{动max}}}{i_{\text{静max}}} = 0.075\,7\left(\dfrac{v}{cr}\right)^2 - 0.433\,5\,\dfrac{v}{cr} + 0.899 \\[2mm]
\dfrac{k_{+\text{动max}}}{k_{\text{静max}}} = \dfrac{\varepsilon_{+\text{动max}}}{\varepsilon_{\text{静max}}} = 0.079\,1\left(\dfrac{v}{cr}\right)^2 0.428\,\dfrac{v}{cr} + 0.797\,1 \\[2mm]
\dfrac{|k_{-\text{动max}}|}{k_{\text{静max}}} = \dfrac{|\varepsilon_{-\text{动max}}|}{\varepsilon_{\text{静max}}} = 0.084\,3\left(\dfrac{v}{cr}\right)^2 0.418\,1\,\dfrac{v}{cr} + 0.578\,2
\end{cases}
\tag{5-1}
$$

式中　$v$——工作面推进速度,m/a;

　　　$c$——与岩性相关的时间影响系数,$a^{-1}$;

　　　$r$——主要影响半径,m,其适用条件为 $0 < v < 3cr$。

$$
\begin{cases}
i_{\text{静max}} = \dfrac{W_0}{r} \\[2mm]
k_{\text{静max}} = 1.52\,\dfrac{W_0}{r^2} \\[2mm]
\varepsilon_{\text{静max}} = 1.52b\,\dfrac{W_0}{r}
\end{cases}
\tag{5-2}
$$

式(5-2)为概率积分法充分采动最大变形值计算公式,其中 $W_0$ 为充分采动最大下沉值,单位为 mm。

(3)从稳定推进过程中地表动态移动变形规律可以看出,当其他条件保持不变时,提高工作面的推进速度,地表动态变形值将减小,与地面抗采动措施相结合,有可能成为一种减少地表采动损害的开采方法。

## 5.2　时间影响系数 $c$ 对地表动态移动规律的影响

工作面推进速度 $v = 3.0$ m/d,其他地质采矿条件不变,时间影响系数分别为 1/a、3/a、6/a、9/a、15/a、25/a、32/a、40/a 时,计算所得的动态地表移动和变形规律如图 5-32～图 5-36 所示。

由以上动态下沉曲线图可以得出:$c$ 不同时的最大动、静态地表变形比值见表 5-3,如图 5-37 所示。

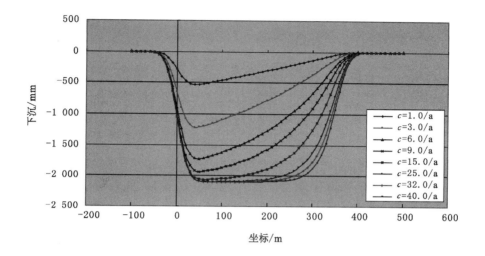

图 5-32　$v=3.0$ m/d 时的动态下沉曲线图

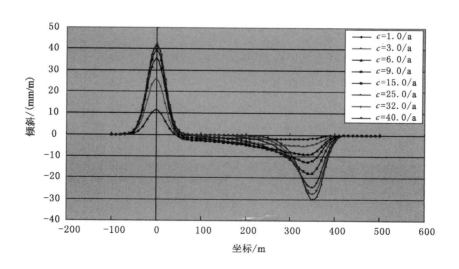

图 5-33　$v=3.0$ m/d 时的动态倾斜曲线图

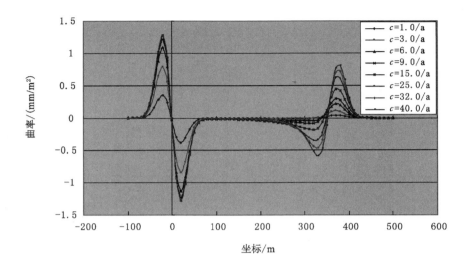

图 5-34　$v = 3.0$ m/d 时的动态曲率曲线图

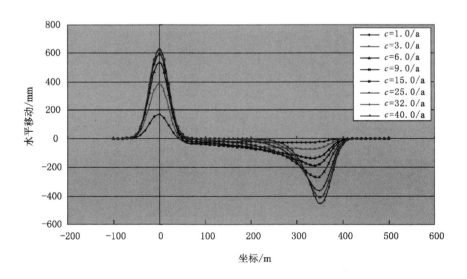

图 5-35　$v = 3.0$ m/d 时的动态水平移动曲线图

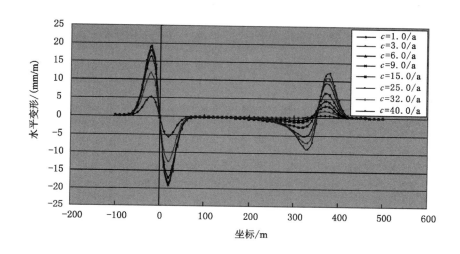

图 5-36　$v=3.0$ m/d 时的动态水平变形曲线图

表 5-3　$c$ 不同时的最大动、静态地表移动和变形比值

| $c/\mathrm{a}^{-1}$ | $i_动/i_静（+）$ | $i_动/i_静（-）$ | $k_动/k_静（+）$ | $k_动/k_静（-）$ | $\varepsilon_动/\varepsilon_静（+）$ | $\varepsilon_动/\varepsilon_静（-）$ |
|---|---|---|---|---|---|---|
| 1 | 0.270 2 | 0.044 9 | 0.031 9 | 0.001 3 | 0.031 9 | 0.001 3 |
| 3 | 0.611 1 | 0.124 5 | 0.091 8 | 0.010 7 | 0.091 7 | 0.010 7 |
| 6 | 0.848 5 | 0.224 3 | 0.172 2 | 0.036 5 | 0.172 | 0.036 5 |
| 9 | 0.940 9 | 0.309 7 | 0.222 8 | 0.068 8 | 0.243 0 | 0.070 8 |
| 15 | 0.991 0 | 0.440 4 | 0.359 8 | 0.153 2 | 0.359 8 | 0.153 2 |
| 25 | 0.999 6 | 0.599 4 | 0.498 8 | 0.290 3 | 0.498 8 | 0.290 4 |
| 32 | 0.999 9 | 0.677 9 | 0.580 7 | 0.387 5 | 0.580 7 | 0.387 6 |
| 40 | 1 | 0.743 1 | 0.659 7 | 0.486 5 | 0.659 7 | 0.486 6 |

　　从图 5-37 中可见,随着时间影响系数的增大,工作面稳定推进过程中地表动态变形值增大。

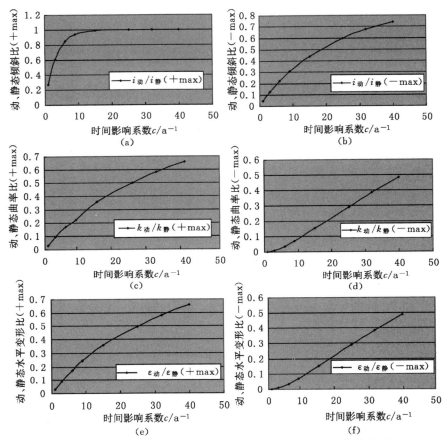

图 5-37　不同时间影响系数的最大动、静态地表变形比值曲线图

# 5.3　小结

通过对工作面不同推进速度和不同时间影响系数的地表动态移动变形规律研究表明，当工作面推进速度小时，最大动态变形值较大，随着推进速度的增大，动态变形值减小；获得了工作面回采速度小于 $3cr$ 时的地表最大动态变形与最大静态变形比值的表达式；可以推断，与适当的地面保护措施相结合，快速开采可能是减小地表采动损害的一种可行开采方法。同时计算结果也表明，时间影响系数 $c$ 较小时，下沉迟缓，最大动态变形值较小，随着时间影响系数 $c$ 的增大，地表最大动态变形值增大。当时间影响系数较大时，一定要注意地面建筑物的防护措施，以减小地表采动损害。

# 第6章 主要结论

## 6.1 丘陵地貌下开采地表沉陷特征研究

通过对试验区开元煤矿 9404 工作面设站观测、数值模拟以及使用沉陷预计系统等手段对地表沉陷规律进行研究得出了如下结论:

(1) 地表沉陷实测结果表明,开元煤矿丘陵地貌下非充分采动时的下沉系数为 0.42,水平移动系数为 0.32,地面边界影响范围为 103～162 m,边界角为 66°～76°,最大下沉角为 85°,移动角为 83°。

(2) 基于上述实测结果,采用离散元数值模拟方法对此进行拟合计算,得出合理的岩性参数,提高参数预计的准确性与可靠性,揭示丘陵地貌下充分采动时的地表沉陷规律。数值模拟结果表明,开元煤矿 9# 煤层充分采动后地表下沉系数为 0.78,水平移动系数为 0.23;采动最大影响范围为 173m,充分采动时的边界角为 59°,移动角为 73°。

(3) 物理模拟结果表明,开元煤矿 9# 煤层充分采动后地表下沉系数为 0.75,水平移动系数为 0.33。重复采动后,地表下沉系数为 0.85,水平移动系数为 0.31。

综合上述结论得出:开元煤矿丘陵地貌下开采 9# 煤层时,充分采动时地表下沉系数为 0.75～0.78,水平移动系数为 0.23～0.33,采动影响边界范围为 173 m,边界角为 59°,移动角为 73°,最大下沉角为 85°。3# 煤层重复采动后,地表下沉系数增大为 0.85,水平移动系数则为 0.31。

## 6.2 动态地表移动和变形预计研究

本书在总结前人研究成果的基础上,对地表动态移动变形时间过程的计算方法、工作面不同推进速度和不同时间影响系数条件下地表动态移动变形规律等进行了初步研究,取得了如下成果:

（1）基于 Knothe 时间函数和概率积分预计方法建立了地表动态移动变形时间过程的计算方法，并且用阳泉矿 1176 东工作面地表观测资料进行了验证，证明了该方法是可行的。

（2）根据充分采动临界开采尺寸建立了确定时间影响系数的区间估算法，为无实测资料矿区地表动态移动变形预计时间影响系数的确定提供了技术依据。

（3）根据覆岩断裂破坏、矿山压力显现和地表移动的辩证统一关系提出了地表动态移动变形预计时开采单元划分的周期来压步距法。

（4）通过工作面不同推进速度对地表动态移动变形影响规律的研究，证明了随着工作面推进速度的增加，地表最大动态变形值将减小，获得了工作面推进速度小于 $3cr$ 时地表最大动态变形与最大静态变形比值的计算公式。初步研究表明，与地面保护措施相结合，快速开采有可能成为减小地表采动损害的地下开采方法之一。

（5）通过对不同时间影响系数条件下地表动态移动变形规律的研究，证明了随着时间影响系数的增大，地表最大动、静态变形之比值将增大，故在开采过程中要采取必要的防护措施。

（6）通过对 Knothe 时间函数的分析，给出了地表实际移动过程相吻合的时间函数分布曲线，为合理时间函数的构建奠定了基础。

最后，尽管在别人研究成果的基础上，本书取得了一些初步研究成果，但由于地表动态移动变形是一个十分复杂的时间、空间问题，同时由于笔者研究能力所限，还有许多问题有待改进和完善，如：

① 如何构建更接近实际的时间函数、如何更可靠地确定时间影响系数等。

② 进一步研究上覆岩层中关键层对地表动态移动规律的影响，进而建立矿山压力显现、覆岩断裂破坏、岩层与地表移动预计相统一的软件系统，更好地为"三下"开采设计、减沉防灾提供决策支持和服务。

# 参 考 文 献

［1］ 何国清,杨伦,凌赓娣,等.矿山开采沉陷学［M］.徐州:中国矿业大学出版社,1991.

［2］ 刘继岩,廉旭刚,刘吉波,等.村庄房屋下开采损害预计及对策研究［J］.煤矿安全,2010(2):21-24.

［3］ 李学军.InSAR 技术在大同矿区地面沉降监测中的应用研究［D］.太原:太原理工大学,2007.

［4］ 崔石磊.骨架式膏体充填采空区实验研究［D］.邯郸:河北工程大学,2011.

［5］ 张鹏.沉陷区主要环境资源损害 GIS 可视化评价系统研究［D］.青岛:青岛理工大学,2009.

［6］ 秦大亮.近水平煤层群开采地表移动规律的研究［D］.重庆:重庆大学,2002.

［7］ 镡志伟.煤层群开采的地面沉陷评价研究［D］.北京:中国地质大学(北京),2007.

［8］ 高永格.厚松散层下采动覆岩运移规律及地表沉陷时空预测研究［D］.北京:中国矿业大学(北京),2017.

［9］ 张元振.策底镇建筑物下安全开采研究［D］.西安:西安科技大学,2013.

［10］ 张亮.巨厚表土层大采深矿井岩移规律研究［D］.青岛:山东科技大学,2011.

［11］ 宁永香,崔建国.动态地表移动和变形预计方法［J］.黑龙江科技学院学报,2007(1):41-44.

［12］ 胡海峰.不同土岩比复合介质地表沉陷规律及预测研究［D］.太原:太原理工大学,2012.

［13］ 白红梅.地质构造对采煤沉陷的控制作用研究［D］.西安:西安科技大学,2006.

［14］ 贾瑞生.矿山开采沉陷三维建模与可视化方法研究［D］.青岛:山东科技大学,2010.

[15] 张海龙.采煤沉陷中突变现象分析及预测[D].西安:西安科技大学,2009.

[16] PENG S S.煤矿地层控制[M].高博彦,韩持,译.北京:煤炭工业出版社,1984.

[17] 张兵.开采沉陷动态预计模型构建与算法实现[D].北京:中国矿业大学(北京),2017.

[18] 张欣儒,刘玉婵. Knothe 时间函数及其在地表动态下沉过程中的应用[J].地矿测绘,2012(3):14-16,20.

[19] 张秦华.铜川矿务局北区采煤引起的边坡变形分析与研究[D].西安:西安科技大学,2006.

[20] PENG S S.Surface Subsidence Engineering[M].New York:SME,1992.

[21] 张兵,崔希民.开采沉陷动态预计的分段 Knothe 时间函数模型优化[J].岩土力学,2017(2):541-548,556.

[22] 王军保,刘新荣,刘小军.开采沉陷动态预测模型[J].煤炭学报,2015(3):516-521.

[23] 胡青峰,崔希民,康新亮,等. Knothe 时间函数参数影响分析及其求参模型研究[J].煤矿与安全工程学报,2014(1):122-126.

[24] WU L X, HUANG G J, WANG J Z.The classification of mining subsidence in China and the calculation model of 3-D surface dynamic deformations [C]. The 8th International Symposium on Deformation Measurements, Hong Kong, 1996:427-434.

[25] 崔希民,缪协兴,金日平.基于时间函数的地表移动动态过程计算方法[J].中国矿业,1999(6):61-63.

[26] 腾永海.采动过程中地表移动变形计算研究[J].矿山测量,1997(4):17-20.

[27] 丛爱岩,成枢,刘春,等.时序分析法在岩层与地表移动中的应用[J].煤炭学报,1999(2):159-161.

[28] 崔希民,缪协兴,赵英利,等.论地表移动过程的时间函数[J].煤炭学报,1999(5):453-456.

[29] 麻凤海,王泳嘉,范学理.连续介质流变理论及其在岩层下沉动态过程中的应用[J].中国有色金属学报,1996(4):7-12,42.

[30] 张向东,赵瀛华,刘世君.厚冲积层下地表沉陷与变形预计的新方法[J].中国有色金属学报,1999(2):435-440.

[31] 吴侃,靳建明.时序分析在开采沉陷动态参数预计中的应用[J].中国矿业

大学学报,2000(4):413-145.

[32] 李文蜜.六面体和三棱柱网格形态对煤矿开采沉陷数值模拟的影响研究 [D].北京:中国地质大学(北京),2013.

[33] 赵阳生.有限单元法及其在采矿工程中的应用[M].北京:煤炭工业出版 社,1993.

[34] 麻凤海,范学理,王泳嘉.岩层移动动态过程的离散单元法分析[J].煤炭 学报,1996(4):54-58.

[35] ALEJANO L R,RAMREZ-OYANGUREN P,TABOADA J.FDM predictive methodology for subsidence due to flat and inclined coal seam mining[J].International journal of rock mechanics & mining sciences, 1999(4):475-491.

[36] 克拉茨.采动损害及其防护[M].马伟民,王金庄,王绍林,译.北京:煤炭 工业出版社,1984.

[37] 周大伟.煤矿开采沉陷中岩土体的协同机理及预测[D].徐州:中国矿业 大学,2014.

[38] 李帅.山区部分开采地面变形规律及山坡稳定性分析研究[D].徐州:中 国矿业大学,2014.

[39] 问荣峰.建筑物下压煤条带开采技术研究[D].北京:中国矿业大学(北 京),2008.

[40] 郭爱国.宽条带充填全柱开采条件下的地表沉陷机理及其影响因素研究 [D].北京:煤炭科学研究总院,2006.

[41] 赖文奇.建筑物下条带开采沉陷实测纠偏方法研究[D].徐州:中国矿业 大学,2011.

[42] 柳宏儒.条带充填法煤柱稳定性影响因素数值模拟试验研究[D].沈阳: 东北大学,2008.

[43] 王丽男.开采沉陷动态预计模型研究[D].阜新:辽宁工程技术大学,2013.

[44] 宁永香,焦希颖.回采速度对地表动态移动变形值的影响[J].煤炭科学技 术,2004(11):74-76.

[45] 彭小沾,崔希民,臧永强,等.时间函数与地表动态移动变形规律[J].北京 科技大学学报,2004(4):341-344.

[46] 张宇亭,孙浩,王金祥.Gompertz曲线模型在海堤软土地基沉降预测中 的应用研究[J].水道港口,2009(4):257-260,276

[47] 蒋建平,高广运,刘文白.描述 PHC 桩抗拔荷载-位移曲线的 Weibull 数

学模型[J].四川大学学报(工程科学版),2009(4):82-88.

[48] 涂许杭,王志亮,梁振淼,等.修正的威布尔模型在沉降预测中的应用研究[J].岩土力学,2005(4):621-623,628.

[49] 张录达,叶海华,吉海彦,等.Richards 模型在蔬菜生长预测中的应用[J].数学的实践与认识,2003(1):14-17.